蜻蜓总体形态图

前胸　合胸　翅结

节间缝

复眼

额

上肛附器

后胸气门　下肛附器

次生生殖器

头　胸　腹

蜻蜓总体形态图示、长尾黄蟌雄性为例

① **结前横脉**　翅结与翅基部间的第一排横脉。

② **唇基**　面部中间的横带。

③ **翅柄**　翅基部的明显收缩，呈柄状的区域。

④ **主要纵脉**　蜻蜓的翅上与翅长轴同向的主干脉，包括前缘脉、亚前缘脉、径脉、中脉、肘脉、臀脉等，因种类不同这些主干脉又可能分叉为若干支。

⑤ **胫节**　蜻蜓的足分为 5 节，但最明显、最长的是相当于小腿的胫节（较细）和相当于大腿的腿节（较粗），均布满了长短不一的刺。

⑥ **臀域**　差翅类后翅内后角区域常扩展以增大面积以利于滑翔。

⑦ **臀套**　因臀域扩展而形成的封闭翅室群，尤指蜻科种类。

⑧ **色型**　指某些种类的一个性别（或两性同时）存在两种或两种以上的色斑类型完全不同的个体。此类现象在昆虫中较为常见，在蜻蜓中尤其多见，例如绿色蟌雄性的透翅型与褐翅型，异色多纹蜻雌性的灰色型、红翅型、斑翅型等。

⑨ **霜**　指蜻蜓体表分泌的一层蜡质物，大都是白色的，具有重要的生物学意义。

⑩ **伪翅痣**　指形似翅痣，但没有足够加厚加重的翅前缘近端区域，可能在飞行中起不到相应的空气动力学作用。

⑪ **肛附器**　上图中雄性腹部末端的强烈骨化构造，交配中起到控制并连接雌性的作用，由上下肛附器共同构成。

⑫ **稳定原则**　《国际动物命名法规》中有类似的规定，为了维持分类名称的稳定，即便某些名称起初使用不当，但如具有命名上的优先权，依然被视为有效。本书中的中文名遵从此规则。

⑬ **虹彩明窗区**　特指隼蟌科部分种类雄性翅上特殊的斑块，往往正面呈现色素的斑块状缺失，但其背面却因有薄层分泌物而能反射阳光呈虹彩效果。该结构被认为在求偶中具有重要意义。

⑭ **并系群**　进化生物学专业术语，可通俗理解为由同一祖先演化而来的部分后代所组成的类群。

重庆市常见蜻蜓分布图　底图

本示意性地图底图基于重庆市规划和自然
资源局"重庆市标准地图服务"提供的
《重庆市地图（行政区划6）》制作
审图号：渝S（2024）058号
制图：付强

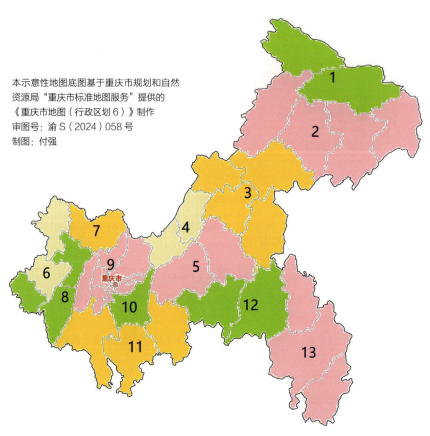

编号

1. 城口县、巫溪县

2. 开州区、云阳县、奉节县、巫山县

3. 万州区、梁平区、忠县、石柱土家族自治县

4. 长寿区、垫江县

5. 涪陵区、丰都县

6. 大足区、潼南区

7. 合川区

8. 永川区、铜梁区、荣昌区

9. 渝中区、大渡口区、江北区、
　　沙坪坝区、九龙坡区、南岸区、
　　北碚区、渝北区、璧山区

10. 巴南区

11. 綦江区、江津区、南川区

12. 武隆区、彭水苗族土家族自治县

13. 黔江区、秀山土家族苗族自治县、
　　酉阳土家族苗族自治县

上图编号综合考虑了行政区划和蜻蜓物种的生物区系特点。

中国蜻蜓应用观察手册

Chongqing Part

重庆篇

Chinese
Odonata
Application
and
Observation
Manual

于昕 著

重庆大学出版社

图书在版编目（CIP）数据

中国蜻蜓应用观察手册. 重庆篇 / 于昕著. -- 重庆：

重庆大学出版社, 2025. 8. -- ISBN 978-7-5689-5287-3

Ⅰ. Q969.220.8-62

中国国家版本馆 CIP 数据核字第 2025ZR0327 号

中国蜻蜓应用观察手册（重庆篇）

ZHONGGUO QINGTING YINGYONG GUANCHA SHOUCE（CHONGQING PIAN）

于　昕　著

责任编辑：王思楠
责任校对：谢　芳
责任印制：赵　晟
装帧设计：尹琳琳
内文制作：原豆文化

重庆大学出版社出版发行

社　　址：（401331）重庆市沙坪坝区大学城西路 21 号
网　　址：http://www.cqup.com.cn
印　　刷：北京利丰雅高长城印刷有限公司

开本：889mm×1194mm　1/ 32　印张：8.75　字数：243 千　插页：8 开 1 页
2025 年 8 月第 1 版　2025 年 8 月第 1 次印刷
ISBN 978-7-5689-5287-3　　定价：98 .00 元

前　言

　　七年前，我从天津来到重庆工作，被这里的生物多样性遗存所震撼，经过持续的调查研究，萌生了编写一套蜻蜓观察工具书的想法。虽然我曾多次参与编写了各种专著、教材等工作，但这些著作有各自的模式和要求，我总觉得不能充分彰显蜻蜓这类美丽而特殊的昆虫之价值。也曾有出版社多次约稿《中国蜻蜓图鉴》之类的专著，并提供优厚的编写条件，然而，在科研上的严谨风格一再迫使我慎重、推迟。原因是随着自己科研工作的深入，逐渐发现我国蜻蜓分类体系中久已存在的诸多问题，致使我当时对承接这些大体量的著作顾虑重重。对我来说，研究蜻蜓是毕生的事业，不想度不中而轻发，做搬起石头砸自己脚的事情。在重庆经历了风风雨雨，但这里丰富的蜻蜓多样性资源始终激励着我坚持自己的研究。在重庆的这些年我花了大量时间和精力，仔细调查了重庆及周边范围的蜻蜓多样性，收集了大量相关生物生态学数据，这使我最终有底气出版本书。

　　我通过自己的研究发现，中国旧的蜻蜓分类体系中存在大量问题。例如已经发现的众多同物异名、错误鉴定、错误记录、参考资料陈旧等充斥在形形色色的分类资料中，但这很可能还是冰山一角。之所以存在这些问题，究其原因，固然有诸如蜻蜓中普遍存在的多型现象、种内变异、各类杂交等客观因素，但研究者欠缺科学态度、研究方法采用不当恐怕是更重要的主观因素。蜻蜓是很古老的昆虫，经历了 3 亿年以上漫长的进化历程，导致其内部的亲缘关系和遗传背景错综复杂，远非一般生物类群可比，给分类研究制造了很多障碍。另一方面，蜻蜓是人类自古就熟悉并喜爱的一类美丽生灵，近现代以来，关注它、试图研究它、热衷于描述新物种的人越来越多。然而，这些人的研究水平和科学素养良莠不齐，往往在行文中带入了很多的错误，导致混乱。随着时间的推移，这些遗留问题形成多不胜数的死结，迫使中国蜻蜓分类研究长久停留在浅表形态分类阶段，并不断累积新的混乱，形成恶性循环。近五年来，我专门在国际期刊上发表了近 20 篇学术论文（部分已列入本书参考文献），充分揭示了这一严峻现实。所幸，近二三十年来，迅猛普及应用的分子生物学技术为传统的分类学注入了新的活力。通过自己的亲身科研实践，我认识到，融合了现代分子生物学数据和严谨的形态学证据的整合分类学方法体系必将是生物分类学未来的发展趋势。新近不断涌现的海量此类科研成果已充分证明了这一点。在蜻蜓整合分类方面，作为中国最早起步的学者之一，我已建立起了该领域比较成熟的方法流程。经过近二十年的潜心研究，修订了大量分类体系中的历史错误，我预见最终厘清中国蜻蜓多样性整体情况的一天不再遥遥无期。作为阶段性成果，我认为目前重庆地区蜻蜓分类问题已得到令人满意的解决，这是本书编写的根本基础。

分类研究的滞后不仅使蜻蜓多样性研究根基不牢，还严重阻滞了蜻蜓相关的其他研究领域的进展，这其中就包括利用蜻蜓多样性进行环境监测评价这个应用环节。国际上很早就认识到蜻蜓不仅具有非常高的观赏价值，其特殊的习性和生物生态学特点使之还可作为优良的环境指示生物。世界自然保护联盟（IUCN）自 2010 年起已经把蜻蜓作为标准的水环境评价工具，并在全世界广泛开展相关的评估工作（作者曾受邀出席 2011 年的老挝工作会），取得了大量宝贵的数据。两年前 IUCN 正式宣布，蜻蜓成为首个完成全部已知物种红色名录评估的昆虫类群。这意味着该组织应用蜻蜓多样性数据，对全世界任何地方的环境进行评价成为可能。我也很早就认识到蜻蜓，尤其是其成虫，在环境监测与评价领域的重要价值，并于 2012 年在国内著名生态学刊物上发表文章进行了详细论述。可惜由于种种原因（其中也包括分类系统的不完善），这方面的工作在国内开展甚少。目前，应用蜻蜓多样性进行环境评价做得最好的国家是南非。南非斯泰伦博斯大学迈克尔·J. 桑韦斯（Michael J. Samways）教授团队开发了一套专门的蜻蜓生物指数体系—— The Dragonfly Biotic Index，简称 DBI 指数，能够实现定量分析，且简单实用，具有很好的可操作性。该指数一经问世先后迅速在非洲、欧洲、美洲等地区得到广泛应用，取得了非常好的效果。我有幸在 2017 年的一次国际会议上见到桑韦斯教授，与其深入探讨了这套指数体系的开发和应用，并自此持续得到相关的专业指导和支持。桑韦斯教授一再鼓励我在中国尝试应用并推广 DBI 指数方法，因此我决定以本书为契机，正式开始此方向的应用研究。

本人计划针对中国不同区域与合作者一起出版系列蜻蜓应用观察手册，以重庆地区为第一本。本系列手册不但可以作为蜻蜓成虫多样性鉴定参考和欣赏资料，其提供的 DBI 指数还可以直接应用于水生态环境健康程度监测与评价。同时，手册还提供各物种的保护指数，为蜻蜓多样性保护提供专业参考。因此，本系列手册将适用于包括生态环保及林业部门工作者、昆虫多样性研究者、环保志愿者、蜻蜓爱好者等在内的广大读者群。作为系列手册的第一本，本书在环境监测方面的应用尝试，在中国将具有重要的开创性意义，可协助相关专业人员，对重庆及其周边地区蜻蜓进行野外观测和调查取样，用以积累原始数据并校正各参数值的有效范围。此外，蜻蜓在民间的知名度和影响力远非其他昆虫可比，在我国也拥有大量的爱好者群体，他们对拍摄、观察、欣赏、保护蜻蜓充满激情。作为作者，我鼓励本书的所有读者，包括蜻蜓爱好者、环保志愿者、青少年等，依据本书积极尝试，对自己身边的水环境进行评价与监测。公民科学（Citizen Science）是当今世界的新潮流，对于科学应用来说，数据永远是不嫌多的，只要是数据，即使质量有差异，也可以通过适当方法进行有效挖掘。非常希望本系列手册能充分发挥其在科研和民间的双重作用，促进 DBI 指数在中国的推广应用；引导众多的蜻蜓爱好者、志愿者、欣赏者从更加科学的视角重新审美蜻蜓这种美丽的生灵；希望观赏蜻蜓活动形成一种风尚，不仅在偏远的山林，更要在繁华的都市、在家的旁边；希望应用蜻蜓多样性进行环境评价和监测的活动不再局限于专业工作者，而对所有对此感兴趣、有责任心的公民开放，无论老幼，只要愿意，大家都可以对自己身边的生存环境加以考量，为保护环境贡献一份力量。

　　蜻蜓是昆虫世界的顶级捕食者之一，在食物网和生态系统中起着举足轻重的作用，所有蜻蜓种类都应该受到重点保护，这是学界的共识，也已经在世界很多国家得到立法保护。我国虽已开始重视蜻蜓的保护，但还很不够。在我国一个不可否认的现实是，有部分所谓的爱好者滥捕蜻蜓在网上公开出售。此类行为不仅是不道德的，也将涉嫌违法。本人坚决反对一切滥捕蜻蜓牟利的行为，并极力支持我国相关法律的尽快健全。本着实用和严谨的宗旨，对于少部分仅在历史文献中有记载但缺乏研究背景及实物证据，或仅有零星的、不确定目击记录的种类，以及那些尚未被充分研究的蜻蜓种类，本书仅将其收录在最后的"重庆地区蜻蜓名录"中，而不在书中提供详细信息。

2025 年 1 月

目　录

大溪蟌科 翅具明显翅柄③，体大型粗壮

无明显翅柄

色蟌科 体表有金属光泽，无明显斑纹

溪蟌科 体表无金属光泽，有斑纹

蟌科 复眼直径大于其间距的一半，足胫节⑤上的刺长度均小于其间距的两倍

扁蟌科 有明显斑纹……

重庆常见蜻蜓分科检索图

均翅亚目 ❶ 差翅亚目 ❷

Anisoptera Selys
差翅亚目

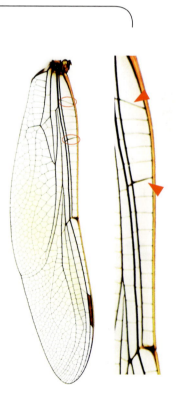

具两条明显粗大的原始结前横脉，如箭头所示

裂唇蜓科 后翅有发达臀域[6]，适应高空滑翔

春蜓科 后翅无发达臀域，很少滑翔，雄性有明显臀角

蜓科 复眼紧密相接于一条缝

复眼多少彼此分离

大蜓科 复眼相接于一点

重庆常见蜻蜓分科检索图

均翅亚目 **1** ⋯⋯⋯⋯⋯ 差翅亚目 **2**

Zygoptera Selys
均翅亚目

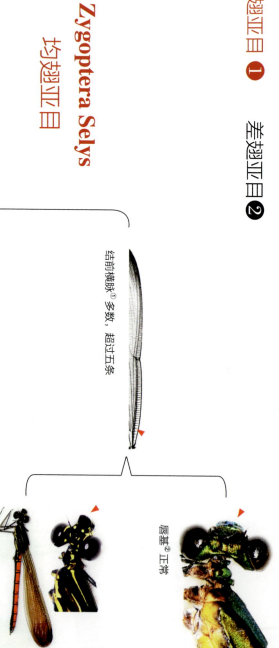

结前横脉① 多数，超过五条

隼蟌科 后唇基突出如鼻，腹长短于翅长

后唇基② 正常

节刺的长度多大于其间距的两倍。不少种类胫节扩展呈叶片状

丝蟌科丝蟌属

小到中型种类，体长很少超过 5 厘米，多生活于静水多草环境

综蟌科

大型种类，体长通常超过 7 厘米，生活于山林间溪流

主要纵脉，同尾下相入脉

丝蟌科印丝蟌属

主要纵脉间有插入脉，如箭头所示

体表具铜绿色金属光泽

山蟌科

体表无金属光泽

❷

前后翅明显不同

无原始结前横脉

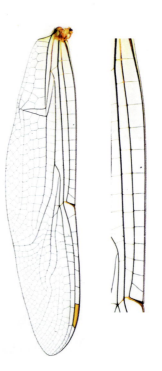

伪蜻科

小到中型种类，体长很少
超过5厘米，大部分腹部
无明显黄色环纹

大伪蜻科

大型种类，体长通常超过
7厘米，大部分腹部有明
显黄色环纹

蜻科 后翅臀套发达呈足形

后翅臀套不发达

前后翅完全一样

结前横脉数不超过 5 条，大多 2 条

休息时翅多束起

休息时翅常展开

导　言

全书中，上标数字^①代表相关名词或概念的解释，按序号详见"蜻蜓总体形态图"；上标数字^[n]代表文献引用，按序号详见参考文献部分。由于"蜻蜓"一词在实际叙述中容易产生混淆（详见第 6 页），本书以"蜻蜓"代指所有蜻蜓目昆虫，以"均翅类"代指所有均翅亚目种类，以"差翅类"代指所有差翅亚目种类。

（一）重庆常见蜻蜓分科检索图

为方便读者使用，本检索图尽量采用通俗语言进行特征描述，且所选取的区别特征尽量符合实用方面的考量，旨在确保能高效应用于野外实践中。（详见插页）

（二）如何使用本书

◎ 成虫飞行期

以月份来代表，红颜色表示发生的时间范围，透明度越高代表种群数量越小。

1	2	3	4	5	6	7	8	9	10	11	12

◎ 生境

总体上说，高海拔流水区域用绿色标示，低海拔（通常 500 米以下）静水区域用黄色标示。"山溪"指山间溪流，包括小溪及江河源头的溪流状水体；"山河"指江河的上游区段，流动明显，水质较好，宽度至少 10 米以上；"瀑布"指山间径流形成的天然瀑布，不包括水库放水形成的及人工修筑的景观瀑布；"滴水"指山间自然渗漏形成的滴水岩石崖壁等生境；"山沼"指山间沼泽，其水源多为活水或自然形成，也包括高山活水梯田；"山湖"指自然形成的高山湖泊或人为修建的高山水库；"山塘"

指自然形成的或人工挖出的山地静止水域，面积多小于一亩；"湖泊"指低海拔天然湖泊，或人造的面积在一亩以上的静止水域，其敞水（无水生植物覆盖）面积至少占比50%；"池塘"指低海拔天然形成面积小于一亩的，或敞水面积小于50%且总面积小于2亩的静止水域；"沼泽"指低海拔天然或人工形成的沼泽湿地；"江河"指江河下游，流速缓慢或因闸门等人为因素较长时间静止的宽阔水域，多流经大城市；"人工"指城市或乡村人居集中处，人工修建的各种水体，如造景水池、假山瀑布、水池、养鱼池、水田、喷泉池、亲水河岸、灌溉沟渠等。标识如下：

山溪	山河	瀑布	滴水	山沼	山湖	山塘	湖泊	池塘	沼泽	江河	人工

◎ 濒危等级

本书的濒危等级采用 IUCN 红色名录的划分方法分为：极危 Critically Endangered（CR）、濒危 Endangered（EN）、易危 Vulnerable（VU）、近危 Near Threatened（NT）、无危 Least Concern（LC）、数据缺乏 Data Deficient（DD）。评估标准依据《中国生物多样性红色名录——昆虫卷》，并根据重庆地区的区域特质适当调整。标识如下：

CR	EN	VU	NT	LC	DD		

◎ DBI 指数

该指数系统由南非学者迈克尔·J. 桑韦斯和约翰·P. 西迈卡于2016年开发[1]，目前在世界范围内被广泛应用。本书提供的 DBI 指数严格遵从标准的编制规范，依靠作者多年的研究实践进行计算赋值，是为重庆及周边地区专门制订的，取值范围 0～9。应用时可采取对多样性调查数据直接赋值并累积求和的方法，获得的总分即可进行横向比较，DBI 指数值越大代表环境健康度越高。标准的 DBI 指数只考虑蜻蜓的种类数，即某个地区共有几种蜻蜓就把它们各自的指数值累积求和，此方法简便易行，适用范围广。更复杂和专业的指数计算方法本书不做介绍，作者将在其他专门的文章中详细解释，使用者经过简单培训后也能轻松掌握。

◎ 保护指数

　　本书提供的保护指数是依据《中国生物多样性红色名录——昆虫卷》和不同种类在当今蜻蜓学研究中的潜在研究价值共同确定的，取值范围（0～6）＝ 濒危值（0～3）＋研究值（0～3），值越大代表保护价值越高。

◎ 页边缘颜色分类

　　为使用方便，本书在书页外侧边为几个种类较多的科赋予不同的颜色，便于快速查找。各科颜色匹配如下：

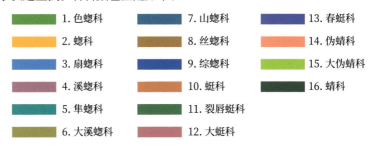

1. 色螅科　　　　7. 山螅科　　　　13. 春蜓科
2. 螅科　　　　　8. 丝螅科　　　　14. 伪蜻科
3. 扇螅科　　　　9. 综螅科　　　　15. 大伪蜻科
4. 溪螅科　　　　10. 蜓科　　　　　16. 蜻科
5. 隼螅科　　　　11. 裂唇蜓科
6. 大溪螅科　　　12. 大蜓科

◎ 种类配图

　　书中的图片均为原始生态照片，在进行相应剪裁时尽量不改变自然色调。作者认为，原始生态照片中的细节常包含很多有价值的生物、生态学信息，具有重要的科学意义。图片的编号顺序为从上到下、左到右，如下图示：

```
 1 ¦ 2              1
-----+----       -------+------
 3 ¦ 4           2 ¦ 3
```

◎ 比例尺

　　本书中已尽量加入各个种类的手持标本照片，其中大多是作者本人的手，或者是与作者手指大小相近的成年人的。此方法是国际通用的野外标本体型参考方法之一，可比较容易且客观地显示不同物种个体的相对大小。

（三）"螅"还是"蝐"

"蝐"字最早出现于西汉的《淮南子》。2000年以前我国科学出版物均用"蝐"字，如《中国大蝐属研究及一新种记述（蜻蜓目，综蝐科）》（赵修复，1965）、《中国习见蜻蜓》（隋敬之、孙洪国，1986）、《昆虫分类》（郑乐怡、归鸿，1999）等。出版业广泛使用计算机排版之后，最初字库中没有"蝐"字，所以采用了"螅"字。但现在计算机字库里已有"蝐"字了，所以在本书中用"蝐"，特此说明。

重庆常见蜻蜓种类

蜻蜓通常是指昆虫纲蜻蜓目（Odonata）昆虫，是一类进化历史悠长、地位独特、为人类熟知的昆虫，同时也是良好的环境指示生物[2]。蜻蜓目分为三个亚目，即差翅亚目（Anisoptera）、均翅亚目（Zygoptera）、间翅亚目（Anisozygoptera），后者由于种类稀少，研究欠缺，重庆无分布，故本书不涉及。广义上"蜻蜓"泛指蜻蜓目的所有物种，狭义上"蜻蜓"常常指代差翅亚目（相对大型、健硕）种类，而均翅亚目（相对小型、纤细轻盈）种类常被称为"螅"或"豆娘"。由于民众对昆虫知识的了解程度有差异，在日常使用"蜻蜓"一词时常有歧义，既可能指所有蜻蜓目昆虫，也可能特指差翅亚目种类。为避免不必要的混乱，本书规定以"蜻蜓"一词代指所有蜻蜓目昆虫，以"差翅类"代指所有差翅亚目种类，以"均翅类"代指所有的均翅亚目种类，后面不再赘述。

蜻蜓基本上属于大、中型昆虫，成虫体长范围 20～135 mm，翅展范围 25～190 mm。蜻蜓一生经历卵、稚虫、成虫 3 个阶段，为半变态类昆虫，稚虫水生，成虫陆生，1 年发生 1～3 代。成虫体型各异，体色斑斓，翔姿优美；稚虫多貌不惊人，有的甚至挺吓人的。无论成虫或稚虫均为凶猛的捕食者，在昆虫界居于食物网的顶层，是著名的天敌昆虫。蜻蜓靓丽的色彩和优美的姿态自古为人类所喜爱，在绘画、雕塑、诗歌、散文、音乐、摄影等各种艺术形式中都能找到它们的影子，因此也是著名的文化昆虫。

蜻蜓大都属于典型的雌雄异形类昆虫，即两性间外貌差别明显，肉眼可辨别。正因为大多数蜻蜓种类两性间的色彩斑纹完全不同，初识者往往将同种类的不同性别当作不同种类，此时如能观察交配中的一对是较好的判断方式。也有部分种类两性间，或至少两性的某一色型⑧间外貌酷似，难于区分。无论上述哪种情形下，观察外生殖器的有无都是比较容易区分蜻蜓雌雄的方法。雄性蜻蜓腹部第二节下面都具有一个明显而较复杂的突出构造称作次生生殖器，肉眼可见；而雌性无此构造，腹面平滑。该区别特征在所有蜻蜓种类中通用，后面不再赘述。

目前，全世界已知蜻蜓目现生种类 57 科 686 属 6300 余种 [3]，除了南北两极以外，几乎遍布全球。中国是世界上蜻蜓目昆虫多样性最丰富的国家之一，目前已记录 20 科 173 属 690 种 [4]，作者预计中国蜻蜓目昆虫的总数将在 750 种左右。重庆地处四川盆地东缘，拥有从平地到高山的垂直海拔梯度以及长江三峡等复杂地形，地区间环境差异明显，造就了异常丰富的蜻蜓种类多样性，同时也是很多特有珍稀种类的分布区。据作者多年来的研究统计，重庆地区蜻蜓种类有 121 种，分属于 2 亚目 16 科 71 属，其区系构成非常丰富，我国东西南北各大区域的代表物种几乎均有分布，且不同海拔种类也比较丰富，是良好多样性分布格局的典范。本书以方便实用为主要原则，筛选了重庆地区较容易见到且具有代表性的 107 种蜻蜓（其中包括本书编写期间发表的两个新物种，即瑶姬丝螅和奇异灰蜻），提供了特征描述、生活习性、分布信息、保护指数、DBI 指数、栖境类型、发生季节等重要生物、生态学信息，为环境监测、多样性保护、自然科普教育等诸多领域提供了科学可靠的参考。

Zygoptera Selys，1853

均翅亚目

本亚目多为中小型蜻蜓种类，身体通常纤细轻盈，俗称为豆娘、蟌。均翅类飞行速度较慢而机动灵活性更强，善于穿行于复杂地形及浓密的植物丛中，很多种类有复杂而奇特的行为，包括领域性、求偶、打斗等，是生态行为学领域的重要研究模式生物。此外，由于飞行速度较慢，通常不善于长距离迁移，很多种类喜欢世代固定生活在某个区域，因此更加有利于评价当地的生态环境变化。本书记录了重庆及周边地区能够较容易见到的均翅类 9 科 31 属 51 种，其中包括了华蟌、古山蟌等中国特有的珍稀类群。

1

色蟌科

Calopterygidae Selys, 1850

大、中型蜻蜓，也是最漂亮的蜻蜓类群之一，体表通常有闪亮的金属光泽，翅多宽大，并具有多彩的斑纹，几乎全部生活在山间的流水环境中，对生存条件要求较高，耐污能力较差。雄性色蟌多有复杂的行为，包括领域性、求偶等，也是著名的观赏昆虫和文化昆虫。世界已知色蟌21属180余种[3]，中国是世界上色蟌种类最丰富的国家之一，已记录12属39种[4]，本书收录重庆分布的色蟌种类5属6种。

雄性透顶单脉色蟌（帝王豆娘）有节律地开合翅膀展示幽蓝闪光

1.1
赤基色蟌

Archineura incarnata（Karsch, 1891）

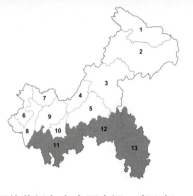

超大型种类，翅宽大，具翅痣，通体紫绿色有金属光泽，喜飞行，常沿溪流快速巡飞，有明显的领域性。雄性翅基部具鲜艳的粉红色斑，此特征可区别于邻近种类，也是其名称的由来；雌性体型体色均与雄性相似，但翅基无红斑。本种是色蟌科中体型最大的种类，年轻个体的体表常呈现闪金属光泽绿色。本种在重庆南部山区分布较广，种群数量较大，对生存环境要求较苛刻，且易于观察，是良好的环境指示生物和观赏物种。

成虫飞行期（月）

1	2	3	4	5	6	7	8	9	10	11	12

生境

山溪	山河	瀑布	滴水	山沼	山湖	山塘	湖泊	池塘	沼泽	江河	人工

濒危等级

CR	EN	VU	NT	LC	DD		

DBI 指数 6   保护指数 2

1

2
----
3 ¦ 4

1. 成熟雄性
2. 成熟雌性
3. 交配中的一对
4. 年轻雄性手持
比例尺

1.2

紫闪色蟌

Caliphaea consimilis McLachlan, 1894

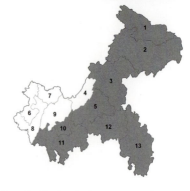

中型种类，体表具金属光泽绿色或紫色，翅透明，翅柄明显，具翅痣，喜飞行，有明显的领域性和复杂的交配行为。成熟雄性腹部末端几节被白霜[9]；雌性与雄性酷似，但腹部相对短粗，且末端少被霜。本种是典型的山区流水种类，中国南方广布，重庆山区广有分布且种群数量通常较大，为山区常见种类，易于观察，可作为良好的环境指示生物和观赏物种。本种与中国原记录的亮闪色蟌（*Caliphaea nitens*）难于区分，且分布区重叠，据作者最新的种群遗传学研究，这两种很可能是同种（研究文章尚未正式发表），故此处暂不收录亮闪色蟌。

成虫飞行期（月）

1	2	3	4	5	6	7	8	9	10	11	12

生境

山溪	山河	瀑布	滴水	山沼	山湖	山塘	湖泊	池塘	沼泽	江河	人工

濒危等级

CR	EN	VU	NT	LC	DD		

DBI 指数 6   保护指数 3

1. 雄性
2. 雌性
3. 交配中的一对
4. 雄性手持比例尺

1.3

透顶单脉色蟌

Matrona basilaris Selys, 1853

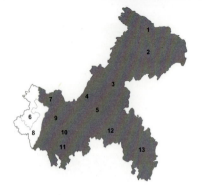

大型种类，通体具铜绿色金属光泽，翅黑褐色，喜飞行，具有复杂的领域性和求偶行为。成熟雄性无翅痣，翅脉乳白色，翅基部具幽蓝色反光，此特征可区别于邻近种类，反光区面积大小在不同种群中有变化，腹部末端腹面橙黄色；雌性与雄性体型相似，但体表的铜绿色较暗淡，翅基部无蓝色反光，具白色的伪翅痣[10]。作者对本种进行过深入研究，揭示其主要分布在中国大陆，并以四川盆地及周边区域为起源中心[5-6]。本种是最漂亮的蜻蜓种类之一，有"帝王豆娘"的别称，具有很高的知名度和观赏价值，在重庆山区广泛分布，对生存环境要求较苛刻，可作为良好的环境指示物种和观赏物种。

 ·

成虫飞行期（月）

1	2	3	4	5	6	7	8	9	10	11	12

生境

山溪	山河	瀑布	滴水	山沼	山湖	山塘	湖泊	池塘	沼泽	江河	人工

濒危等级

CR	EN	VU	NT	LC	DD		

DBI 指数 5   保护指数 1

1. 成熟雄性　2. 成熟雌性　3. 交配中的一对　4. 刚羽化不久的雄性

5. 雄性手持比例尺　6. 集群求偶、打斗及产卵（周勇摄）

1.4

神女单脉色螅

Matrona oreades Hämäläinen, Yu and Zhang, 2011

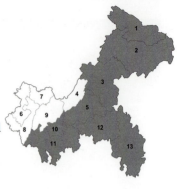

　　大型种类，通体具铜绿色金属光泽，翅深褐色，喜飞行，具明显的领域性和复杂的求偶行为。本种为中国特有物种，以四川盆地及周边区域为起源中心[5]，是最漂亮的蜻蜓种类之一。两性酷似但雌性体表的绿色不如雄性鲜亮，雄性无翅痣，雌性具伪翅痣。本种与"帝王豆娘"极为相似并经常同域生活，不易相互区分。本种雄性翅基部无蓝色反光可以与后者区别，本种雌性触角前两节正面乳白色明显，可与帝王豆娘雌性区分。本种在重庆山区分布广泛，具有较高的观赏价值，也是良好的环境指示物种。

成虫飞行期（月）

1	2	3	4	5	6	7	8	9	10	11	12

生境

山溪	山河	瀑布	滴水	山沼	山湖	山塘	湖泊	池塘	沼泽	江河	人工

濒危等级

CR	EN	VU	NT	LC	DD		

DBI 指数 6　　　保护指数 3

1
2
3 ┊ 4

1. 成熟雄性
2. 成熟雌性
3. 一雌一雄落在一
处，雄性腹部畸形
4. 雄性手持比例尺

1.5

黄翅绿色螅

Mnais tenuis Oguma, 1913

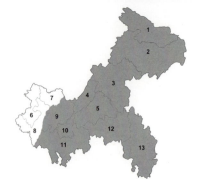

色螅科

　　大型种类，体表具铜绿色金属光泽，两性都有翅痣，喜飞行，具明显的领域性和复杂的求偶行为。雄性具透翅型（翅透明）和褐翅型（翅明显呈琥珀色半透明状）两种色型[⑧]，透翅型成熟个体仅腹部末端几节被白霜，而褐翅型成熟个体身体大部分被浓重的白霜，异常醒目；雌性与雄性体型相似，翅色介于雄性两种色型之间，但胸侧面黄色斑更明显，体表无霜，腹部相对短而粗壮。本种在重庆分布广泛，对生存环境有一定的要求，具有较高的观赏价值和环境指示作用。

成虫飞行期（月）

1	2	3	4	5	6	7	8	9	10	11	12

生境

山溪	山河	瀑布	滴水	山沼	山湖	山塘	湖泊	池塘	沼泽	江河	人工

濒危等级

CR	EN	VU	NT	LC	DD

DBI 指数 4　　　保护指数 2

1. 成熟雄性，透翅型　2. 成熟雄性，褐翅型　3. 成熟雌性

4. 交配中的一对　5. 雄性手持比例尺

1.6

丽宛色蟌

Vestalaria venusta（Hämäläinen, 2004）

　　大型种类，身体相对纤细，体表具铜绿色金属光泽，翅透明，两性均无翅痣，成熟个体腹部末端几节被白霜，不喜飞行，生性较为隐秘，不容易见到。两性体型体色酷似，但雌性腹部相对短粗，本种属于晚季节种类，年轻个体和雌性常在山区林下幽暗处活动，经常不易察觉。本种在重庆分布较局限，种群数量较小，对生存环境要求较高，是良好的环境指示物种，并具有较高的观赏价值。

成虫飞行期（月）

1	2	3	4	5	6	7	8	9	10	11	12

生境

山溪	山河	瀑布	滴水	山沼	山湖	山塘	湖泊	池塘	沼泽	江河	人工

濒危等级

CR	EN	VU	NT	LC	DD	

DBI 指数 6　　保护指数 3

1. 成熟雄性　2. 成熟雌性　3. 年轻雄性　4. 雄性守护领地　5. 雄性手持比例尺

2

蟌科

Coenagrionidae Kirby, 1890

蟌科是体型最小, 但多样性最高的蜻蜓类群, 体色多样, 分布广泛, 以静水生活种类居多, 适应性极强, 很多种类具有较高耐污能力, 且种群数量较大, 是良好的生态生物学及行为学研究模式类群, 也是较好的环境指示生物类群。目前世界已知蟌科共 124 属 1370 余种 [3], 中国已记录 14 属 66 种 [4], 本书收录重庆有分布的蟌科种类 7 属 18 种。

一雄性捷尾蟌正在干扰一对串联潜水产卵的同类

雄性翠胸黄蟌躲避在背影里

2.1

针尾狭翅蟌

Aciagrion migratum（Selys, 1876）

　　小型种类，身形极为纤细，翅窄而透明且相对短小，腹部明显相对细长，末端稍微膨大。成熟雄性通体蓝色或蓝绿色具黑色斑纹，腹部末端三节蓝色；雌性外形与雄性基本相似，但体色偏黄绿色，腹部相对粗壮些，末端的蓝斑较少。本种在重庆分布不广，且通常种群数量较小，对生存环境有一定的要求，是较好的环境指示物种。

成虫飞行期（月）

1	2	3	4	5	6	7	8	9	10	11	12

生境

山溪	山河	瀑布	滴水	山沼	山湖	山塘	湖泊	池塘	沼泽	江河	人工

濒危等级

CR	EN	VU	NT	LC	DD

DBI 指数 5　　保护指数 2

1. 雄性　2. 年轻雄性　3. 雌性　4. 交配中的一对　5. 雄性手持比例尺

2.2

杯斑小蟌

Agriocnemis femina（Brauer, 1868）

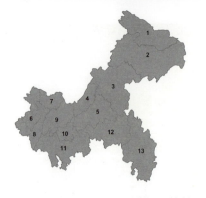

　　最小型种类之一，身体绿色为主具黑色斑纹，翅窄小而透明。雄性下肛附器[①]明显长于上肛附器，肉眼可辨识，此特征可区别于临近种类，老熟个体合胸常被浓霜，呈鲜明白色；雌性体型与雄性相似，体色随着成熟度由红色渐变到橄榄褐色。本种在重庆为广布种类，从城市到乡村都有分布，可生活于人工水体，且种群数量较大，便于观察，可作为环境指示物种。

成虫飞行期（月）

1	2	3	4	5	6	7	8	9	10	11	12

生境

山溪	山河	瀑布	滴水	山沼	山湖	山塘	湖泊	池塘	沼泽	江河	人工

濒危等级

CR	EN	VU	NT	LC	DD

DBI 指数 2　　　**保护指数 1**

2.3

白腹小蟌

Agriocnemis lacteola Selys, 1877

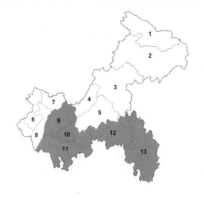

　　最小型种类之一，翅窄小而透明。成熟雄性通体以白色为主，具少量黑斑，尤其腹部雪白，飞舞时格外醒目；雌性体色随着成熟度由橙红色到黄绿色变化，且黑斑会逐渐明显，尤其腹部的黑斑比雄性明显。本种主要为山区种类，在重庆南部地区有分布，但分布范围比杯斑小蟌和黄尾小蟌小，对生存环境有一定的要求，是较好的环境指示物种。

成虫飞行期（月）

1	2	3	4	5	6	7	8	9	10	11	12

生境

山溪	山河	瀑布	滴水	山沼	山湖	山塘	湖泊	池塘	沼泽	江河	人工

濒危等级

CR	EN	VU	NT	LC	DD

DBI 指数 6　　保护指数 3

1. 成熟雄性　2. 成熟雄性　3. 成熟雌性　4. 未成熟雄性

5. 未成熟雌性　6. 雄性手持比例尺

2.4

黄尾小蟌

Agriocnemis pygmaea（Rambur, 1842）

最小型种类之一，本种与杯斑小蟌外形酷似，难于区别。但本种雄性上肛附器明显长于下肛附器，肉眼可辨识，此特征可与后者相区别。雌性体色随着成熟度渐深会由红色到橄榄褐色变化，与杯斑小蟌雌性十分难于区别。本种在重庆为广布种类，从城市到乡村都有分布，可生活于人工水体，且种群数量较大，易于观察，可作为环境指示物种。

成虫飞行期（月）

1	2	3	4	5	6	7	8	9	10	11	12

生境

山溪	山河	瀑布	滴水	山沼	山湖	山塘	湖泊	池塘	沼泽	江河	人工

濒危等级

CR	EN	VU	NT	LC	DD		

DBI 指数 2   保护指数 1

```
--------- 1 ---------
--------- 2 ---------
  3 | 4
```

1. 成熟雄性
2. 成熟雌性
3. 交配中
4. 雄性手持比例尺

2.5

翠胸黄蟌

Ceriagrion auranticum Fraser, 1922

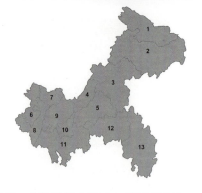

中型种类，身体相对粗壮，翅透明。成熟雄性合胸及复眼橄榄绿色，腹部为鲜艳的橙色，飞舞时非常醒目；雌性体色相对暗淡，头胸橄榄绿色，腹部暗褐色，腹部较雄性稍粗壮。本种在中国南方广布，在重庆分布较广，从城市到山区均可见到，但种群数量通常不大，常与赤黄蟌同域分布，易于观察，可作为环境指示物种及观赏物种。

成虫飞行期（月）

1	2	3	4	5	6	7	8	9	10	11	12

生境

山溪	山河	瀑布	滴水	山沼	山湖	山塘	湖泊	池塘	沼泽	江河	人工

濒危等级

CR	EN	VU	NT	LC	DD		

DBI 指数 3   保护指数 1

1. 成熟雄性　2. 成熟雌性　3. 交配中　4. 集群产卵　5. 雄性手持比例尺

2.6

长尾黄蟌

Ceriagrion fallax Ris, 1914

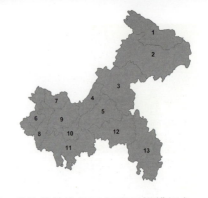

中型种类，身体粗壮，翅透明。成熟雄性胸部及复眼呈橄榄绿色，腹部除末端几节具黑斑外整体呈亮黄色，飞舞时腹部的黄色非常醒目；雌性体色相对暗淡，体型较雄性更为健壮，头胸橄榄绿色，腹部暗褐色，性凶猛，常捕食同类甚至同种的雄性，且食性广泛，作者曾记录过本种雌性捕食蜘蛛的行为[7]。本种在中国南方广布，在重庆也为广布种类，从城市到乡村都有分布，适应能力强，种群数量大，易于观察，可作为环境指示物种及观赏物种。

成虫飞行期（月）

1	2	3	4	5	6	7	8	9	10	11	12

生境

山溪	山河	瀑布	滴水	山沼	山湖	山塘	湖泊	池塘	沼泽	江河	人工

濒危等级

CR	EN	VU	NT	LC	DD		

DBI 指数 3　　保护指数 1

1. 雄性　2. 雄性扑食　3. 成熟雌性　4. 交配串联中的一对　5. 雄性手持比例尺

2.7
短尾黄螅

Ceriagrion melanurum Selys, 1876

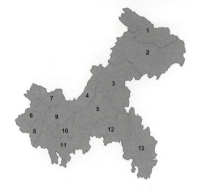

　　中型种类，身体粗壮，翅透明。成熟雄性合胸及复眼呈橄榄绿色，腹部整体亮黄色，末端几节背面具黑斑，飞舞时腹部的黄色非常醒目；雌性体色相对暗淡，头胸橄榄绿色，腹部暗褐色，身体健壮。本种与长尾黄螅外形酷似，经常被混淆。此两种的雄性可根据腹部末端黑色斑纹相区别（图4、图5），雌性则不易区分。本种在重庆为广布种类，从城市到山区几乎都有分布，且常与长尾黄螅混居，但总体上种群数量不如前者，可作为环境指示物种及观赏物种。

成虫飞行期（月）

1	2	3	4	5	6	7	8	9	10	11	12

生境

山溪	山河	瀑布	滴水	山沼	山湖	山塘	湖泊	池塘	沼泽	江河	人工

濒危等级

CR	EN	VU	NT	LC	DD		

DBI 指数 3　　保护指数 1

1. 成熟雄性　2. 年轻雄性　3. 雄性手持比例尺

4. 从腹部末端的黑斑区分短尾黄蟌　5. 从腹部末端的黑斑区分长尾黄蟌

2.8

赤黄蟌

Ceriagrion nipponicum Asahina, 1967

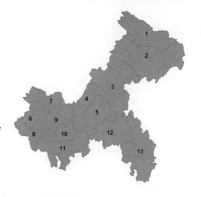

　　中型种类，身体相对纤细，翅透明。成熟雄性通体呈鲜艳的橙色，几乎没有任何其他颜色的斑纹，飞舞时非常醒目；雌性体色相对暗淡，头胸黄绿色，腹部褐色，身体健壮。本种在中国很多地区都有分布，甚至出现在华北地区，在重庆为广布种类，从城市到乡村都有分布且种群数量常较大，能生活于人工水体，可与翠胸黄蟌伴生（图4），适应能力较强，易于观察，可作为环境指示物种及观赏物种。本种是黄蟌属橙色系种类中分布最广的类群，与之相似的种类在中国南方还有多种，长久以来给分类鉴定造成很多混乱，为此作者最近对该属做了深入的分类研究 [8]，所幸重庆有分布的橙色系黄蟌只此一种。

成虫飞行期（月）

1	2	3	4	5	6	7	8	9	10	11	12

生境

山溪	山河	瀑布	滴水	山沼	山湖	山塘	湖泊	池塘	沼泽	江河	人工

濒危等级

CR	EN	VU	NT	LC	DD

DBI 指数 2　　　保护指数 1

```
1
2 ┊ 3
4 ┊ 5
```

1. 成熟雄性　2. 成熟雄性　3. 交配中　4. 与翠胸黄蟌（下）同域分布　5. 雄性手持比例尺

重庆常见蜻蜓种类·均翅亚目　041

2.9
中国黄蟌

Ceriagrion sinense Asahina, 1967

中型种类，身形相对细长，胸背面具黑色斑，侧面黄色，翅透明，腹部暗红色。本种是中国分布的黄蟌属中唯一胸部具明显不同颜色的种类，与属内其他种类很不相同。本种两性外形和体色酷似，远观不易识别，但雌性腹部相对粗壮，并具黑斑。本种是中国特有物种，较为稀少，在重庆分布较狭窄，属于较早季节种类，种群数量通常较小，具有较高研究价值，是很好的环境指示物种。

成虫飞行期（月）

1	2	3	4	5	6	7	8	9	10	11	12

生境

山溪	山河	瀑布	滴水	山沼	山湖	山塘	湖泊	池塘	沼泽	江河	人工

濒危等级

CR	EN	VU	NT	LC	DD		

DBI 指数 8　　保护指数 4

1

2
----
3 ¦ 4

1. 成熟雄性
   （金洪光摄）
2. 成熟雌性
   （金洪光摄）
3. 雄性侧面
4. 雌性手持比例尺

2.10

多棘螅

Coenagrion aculeatum Yu and Bu, 2007

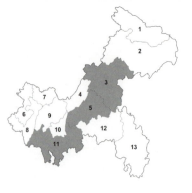

　　小型种类，通体天蓝色，杂以复杂的黑色斑纹，这种外貌特征在螅科中比较常见，被作者通称为"蓝黑纹豆娘"。本种两性外形和体色相似，但雄性的蓝色更为鲜明，雌性稍有蓝绿色，腹部相对粗壮。本种为作者2007年建立的新物种，为中国特有物种，模式产地是重庆江津，在世界范围内是螅属里分布最靠南的种类之一，在重庆分布仍然相对较狭窄，属于早季节种类，通常种群数量不大，对生存环境要求较苛刻，具有较高研究价值，是很好的环境指示物种。本种体型大小与捷尾螅相似。

成虫飞行期（月）

1	2	3	4	5	6	7	8	9	10	11	12

生境

山溪	山河	瀑布	滴水	山沼	山湖	山塘	湖泊	池塘	沼泽	江河	人工

濒危等级

CR	EN	VU	NT	LC	DD		

DBI 指数 7　　　保护指数 3

2.11

东亚异痣蟌

Ischnura asiatica（Brauer, 1865）

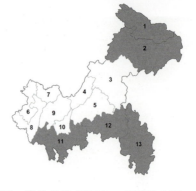

小型种类，身形非常纤细，翅透明。雄性头胸部绿色，具黑色斑纹，翅痣黑褐色并有浅色区，但不明显，腹部侧面从绿色逐渐过渡到褐色，背面有黑色斑，腹部末端三节有鲜明的蓝色斑；雌性外形和体色与雄性完全不同，年轻个体呈红色或橘红色，老熟个体则为褐色，腹部较雄性稍显粗壮。本种在重庆分布相对广泛，但除部分区域外，通常种群数量不大，远不如其在我国北方地区为多，是较好的环境指示物种。

成虫飞行期（月）

1	2	3	4	5	6	7	8	9	10	11	12

生境

山溪	山河	瀑布	滴水	山沼	山湖	山塘	湖泊	池塘	沼泽	江河	人工

濒危等级

CR	EN	VU	NT	LC	DD		

DBI 指数 3   保护指数 1

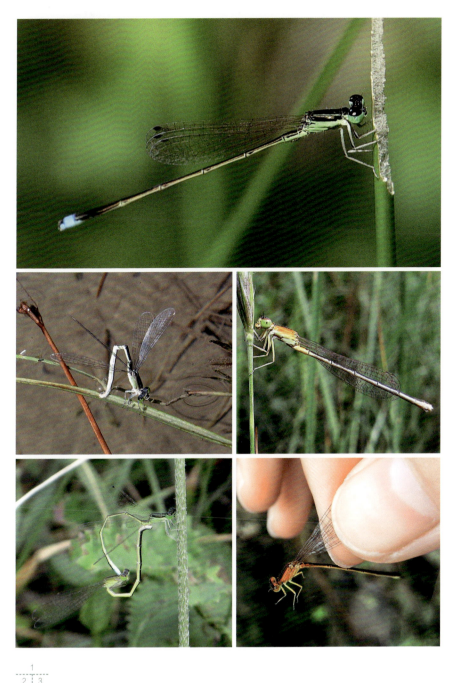

1. 成熟雄性　2. 成熟雌性产卵　3. 年轻雌性　4. 交配串联中的一对　5. 雌性手持比例尺

2.12

褐斑异痣蟌

Ischnura senegalensis（Rambur, 1842）

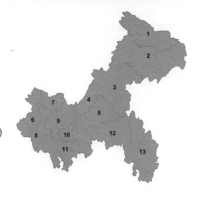

　　小型种类，身形纤细，翅透明。雄性头胸部绿色，具黑色斑纹，翅痣两色并有明显浅色区，腹部背面黑色，侧面从绿色过渡到褐色，末端倒数二、三节有鲜明的蓝色斑纹；雌性外形和体色与雄性完全不同，年轻个体呈红色或橘红色具黑斑，老熟个体褐色具黑斑，腹部相对雄性较为粗壮。本种外形与东亚异痣蟌相似，但体型相对健壮，雄性腹部末端的蓝色斑纹也有不同；本种雌性腹部前两节背面无黑斑，而东亚异痣蟌具黑斑，可以相互区别。本种在重庆分布广泛，且种群数量大，能生存于人工水体，具有较强的耐污能力。

成虫飞行期（月）

1	2	3	4	5	6	7	8	9	10	11	12

生境

山溪	山河	瀑布	滴水	山沼	山湖	山塘	湖泊	池塘	沼泽	江河	人工

濒危等级

CR	EN	VU	NT	LC	DD		

DBI 指数 1　　保护指数 1

1. 成熟雄性　2. 成熟雌性　3. 年轻雌性　4. 交配串联中的一对　5. 雌性手持比例尺

2.13

蓝纹尾蟌

Paracercion calamorum（Ris, 1916）

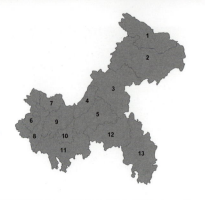

　　小型种类，翅透明，喜欢贴水面快速飞行，常落在浮水植物上，具有较强的领域行为。雄性头胸部蓝绿色具黑色斑纹，但成熟后因被霜而整体呈灰蓝色，此特征可与同属其他种类相区别，腹部黑色，末端三节有鲜明的蓝色斑纹；雌性外形和体色与雄性相似，但较少被霜，胸部和腹部背面几乎全黑色，此特征可与同属其他种类区别。本种在重庆分布广泛，且种群数量大，在人工水体环境也能很好生存，具有一定的耐污能力。

成虫飞行期（月）

1	2	3	4	5	6	7	8	9	10	11	12

生境

山溪	山河	瀑布	滴水	山沼	山湖	山塘	湖泊	池塘	沼泽	江河	人工

濒危等级

CR	EN	VU	NT	LC	DD		

DBI 指数 1　　　保护指数 1

1. 成熟雄性 2. 成熟雌性 3. 年轻雄性 4. 年轻雌性 5. 交配串联中的一对

2.14

隼尾蟌

Paracercion hieroglyphicum（Brauer, 1865）

　　小型种类，翅透明，喜欢贴水面快速飞行，常落在浮水植物上，具有较强的领域行为。雄性通体蓝色或蓝绿色具黑色斑纹，合胸侧面的粗黑纹内或多或少有浅色镂空，此特征可与临近种类区别；雌性外形与雄性相似，但体色偏黄绿，有时为浅黄褐色，胸背面黑色斑较雄性为少，腹部相对雄性明显粗壮。本种体型和生活习性都与蓝纹尾蟌近似，二者常混居，虽然本种在国内很多地区有分布且种群数量并不小，但在重庆分布较少，且种群数量小，可作为环境指示生物。

成虫飞行期（月）

1	2	3	4	5	6	7	8	9	10	11	12

生境

山溪	山河	瀑布	滴水	山沼	山湖	山塘	湖泊	池塘	沼泽	江河	人工

濒危等级

CR	EN	VU	NT	LC	DD

DBI 指数 3　　保护指数 1

2.15

蓝面尾蟌

Paracercion melanotum（Selys, 1876）

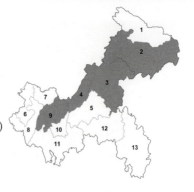

　　小型种类，翅透明，常快速飞行于水面，喜欢落在浮水植物上，具有领域行为。雄性通体天蓝色具黑色斑纹，尤其面部几乎全蓝色，此特征可与同属其他种类区别；雌性外形与雄性相似，仅体色有时偏绿，胸背面黑色斑较雄性为少，腹部相对雄性显得粗壮些。本种的外形、大小、习性都与隼尾蟌酷似，也常同域分布，雌性之间较难区分，但本种雌性合胸背侧的黑纹相对更不明显。本种在重庆分布不广，且种群数量小，对环境有一定的要求，是较好的环境指示生物。

成虫飞行期（月）

1	2	3	4	5	6	7	8	9	10	11	12

生境

山溪	山河	瀑布	滴水	山沼	山湖	山塘	湖泊	池塘	沼泽	江河	人工

濒危等级

CR	EN	VU	NT	LC	DD	

DBI 指数 3　　保护指数 1

1

2

3

1. 成熟雄性

2. 成熟雄性

3. 交配中的一对

2.16

捷尾蟌

Paracercion v-nigrum（Needham, 1930）

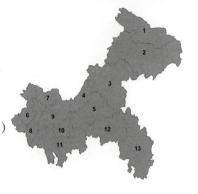

蟌科

小型种类，翅透明，常快速飞行于水面，喜欢落在浮水植物上，具有较强的领域行为。雄性通体天蓝色具黑色斑纹，单眼后色斑大而明显，几乎圆形，此特征可与同属其他种类区别；雌性至少具有两种色型，即外貌与雄性酷似的蓝色型和体色偏黄绿的黄色型，腹部相对雄性略显粗壮。本种是重庆分布最广的尾蟌属种类，种群数量大，环境适应性较强，可作为环境指示生物。本种与隼尾蟌、蓝面尾蟌常同域分布且外形酷似，易混淆。尾蟌属所有种类外形均相似，是世界公认的最难区分类群之一，需要专业方法才能可靠鉴别，作者对尾蟌属曾进行过深入研究[9]。

成虫飞行期（月）

1	2	3	4	5	6	7	8	9	10	11	12

生境

山溪	山河	瀑布	滴水	山沼	山湖	山塘	湖泊	池塘	沼泽	江河	人工

濒危等级

CR	EN	VU	NT	LC	DD		

DBI 指数 2　　　保护指数 1

2.17

丹顶斑蟌

Pseudagrion rubriceps Selys, 1876

中型种类，翅透明，喜欢在水边巡飞，常落在植物上守护一段区域，有明显领域性。雄性通体蓝绿色具黑色斑纹，面部及头顶前部橙色，此特征可以和其他近似种类区别，胸背部橄榄绿色；雌性外形、体色与雄性相似，但面部橙色不明显，体色偏绿，腹部相对雄性显得粗壮些。本种习性与尾蟌属种类近似，也常同域分布，但体型稍大，在重庆分布不连续，种群数量常较大。本种原属典型的热带种类，新近向北扩散迅速，或与气候变暖有关，但具体原因有待专门研究确认。本种身体相对细长但强健，适应能力强，是良好的环境指示物种且具有研究价值。

成虫飞行期（月）

1	2	3	4	5	6	7	8	9	10	11	12

生境

山溪	山河	瀑布	滴水	山沼	山湖	山塘	湖泊	池塘	沼泽	江河	人工

濒危等级

CR	EN	VU	NT	LC	DD		

DBI 指数 3　　　保护指数 1

1. 成熟雄性　2. 交配串联中的一对　3. 手持雄性比例尺

2.18

褐斑蟌

Pseudagrion spencei Fraser, 1922

　　小型种类，翅透明，喜欢在水边巡飞，落在植物上守护一段区域，有不明显领域性。雄性通体蓝色具黑色斑纹，与尾蟌属种类酷似，但上肛附器明显长于下肛附器，此特征可以与之相区别；雌性外形和体色与雄性完全不同，身体短而粗壮，体色黄褐具不明显黑斑纹，此特征可以较容易与尾蟌相区别。本种雄性未成熟时体色与雌性接近，并常与雌性栖息在一起。本种在重庆分布不广，种群数量常较小，对生存环境要求较高，是良好的环境指示生物。

成虫飞行期（月）

1	2	3	4	5	6	7	8	9	10	11	12

生境

山溪	山河	瀑布	滴水	山沼	山湖	山塘	湖泊	池塘	沼泽	江河	人工

濒危等级

CR	EN	VU	NT	LC	DD

DBI 指数 4　　　**保护指数 2**

1. 成熟雄性 2. 成熟雌性 3. 年轻雄性

3

扇螅科

Platycnemididae Jacobson and Bianchi, 1905

中、小型蜻蜓，种类较多，体色多样，分布广泛，适应性极强，部分种类雄性足的胫节极度扩展，呈叶片状，被称为"扇子"，此即为中文科名称的由来。作者研究 [10] 证明，扇螅科的"扇子"具有重要生物学功能，是行为学研究的良好模型。此外，部分类群，如扇螅属、狭扇螅属、长腹扇螅属等，种群数量常很大，是良好的生态学研究模型及环境指示生物。世界已知扇螅 42 属 476 种 [3]，中国已记录 5 属 40 种 [4]，本书收录重庆有分布的扇螅科种类 5 属 6 种。

叶足扇螅雌雄串联飞行

雄性叶足扇螅面部特写

3.1

古蔺丽扇螅

Calicnemia gulinensis Yu and Bu, 2008

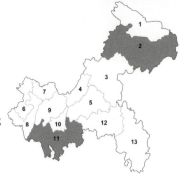

　　小型种类，翅透明，常安静地栖息在山间的小瀑布、滴水的崖壁等特殊的环境，不喜飞行。雄性胸部具紫、黄、黑色斑纹，腹部整体紫红色；雌性外形和体色与雄性相似，但胸部无紫色条纹，腹部相对雄性略粗壮些。本种是作者 2008 年发表的新种，是中国特有种类，主要分布于四川盆地及周边地区，在重庆分布相对局限，且通常种群数量不大。本种对环境要求苛刻，是良好的环境指示生物，并具有较高保护价值和观赏价值。

扇螅科

成虫飞行期（月）

1	2	3	4	5	6	7	8	9	10	11	12

生境

山溪	山河	瀑布	滴水	山沼	山湖	山塘	湖泊	池塘	沼泽	江河	人工

濒危等级

CR	EN	VU	NT	LC	DD

DBI 指数 8　　保护指数 4

1. 成熟雄性
2. 成熟雄性
3. 成熟雌性
4. 雄性手持比例尺

3.2
黄纹长腹扇螅
Coeliccia cyanomelas Ris, 1912

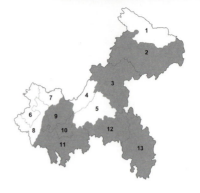

中型种类，身形细长，翅透明，多见于山间溪流，不喜飞行。成熟雄性通体天蓝色杂以黑色斑；雌性体型与雄性相似，体色以黄色为底色杂以黑色斑。本种是长腹扇螅属中分布范围最广的种类，也是中国中、南部山区最常见的均翅类之一，在重庆分布较广，且通常种群数量较大。本种对环境要求较高，是良好的环境指示物种。因未成熟雄性主色调与雌性相似，都为黄色，故早期被赋予不恰当的"黄纹"作为中文名，作者经过研究[11]厘清了其身世的来龙去脉，并依据分类法规中的稳定原则⑫建议延用"黄纹长腹扇螅"这一中文名称。

成虫飞行期（月）

1	2	3	4	5	6	7	8	9	10	11	12

生境

山溪	山河	瀑布	滴水	山沼	山湖	山塘	湖泊	池塘	沼泽	江河	人工

濒危等级

CR	EN	VU	NT	LC	DD

DBI 指数 5　　**保护指数 1**

```
 1
---+---
 2 ¦ 3
---+---
 4 ¦ 5
```
1. 未成熟雄性　2. 成熟雄性　3. 成熟雌性　4. 交配中的一对　5. 刚羽化的雄性在作者手指上

3.3

印扇蟌

Indocnemis orang（Förster in Laidlaw, 1907）

中型种类，身形细长，翅透明，多见于山间溪流，不喜飞行，有一定的领域性。成熟雄性以黑色为主色调，胸背一对蓝紫色的卵圆形大斑非常醒目，这是本种区别其他邻近种类的关键特征，胸侧面有黄斑，腹部末端有少许蓝色斑；雌性体色与未成熟雄性相似，即以黄色为主要浅色斑，但腹末端也有少许浅蓝色斑，体型与雄性相似。本种是扇蟌科里体型最大的种类，在重庆分布较少，且通常种群数量很小，对环境要求高，是良好的环境指示物种。

成虫飞行期（月）

1	2	3	4	5	6	7	8	9	10	11	12

生境

山溪	山河	瀑布	滴水	山沼	山湖	山塘	湖泊	池塘	沼泽	江河	人工

濒危等级

CR	EN	VU	NT	LC	DD		

DBI 指数 6　　　**保护指数 3**

1. 成熟雄性侧面　2. 成熟雌性　3. 成熟雄性背面　4. 雌性产卵　5. 雌性手持比例尺

3.4

叶足扇螁

Platycnemis phyllopoda Djakonov, 1926

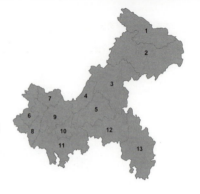

　　小型种类，翅透明，通体为很浅的蓝绿色，具较多黑色斑纹。雄性最突出的特征为中后足胫节极度扩展，特化成白色的"扇子"（图1），飞行中不断挥舞的"扇子"形成鲜明的"信号旗"，是本种区别于其他邻近种类的重要特征；雌性体型和体色与雄性相似，但不具有扇子，腹部也相对更粗壮。本种年轻个体，无论雌雄，体表通常显现浅红褐色调。本种在重庆为广布种类，从城市到山区都有分布，且种群数量较大，具有较强适应环境的能力，但对污染敏感，是较好的环境指示物种和著名的观赏物种。本种体型与白扇螁相似。

成虫飞行期（月）

1	2	3	4	5	6	7	8	9	10	11	12

生境

山溪	山河	瀑布	滴水	山沼	山湖	山塘	湖泊	池塘	沼泽	江河	人工

濒危等级

CR	EN	VU	NT	LC	DD		

DBI 指数 3　　保护指数 1

<dl>
<dt>1　2</dt>
<dt>3　4</dt>
<dt>5</dt>
</dl>

1. 成熟雄性，箭头指示"扇子"　2. 年轻雄性　3. 年轻雌性

4. 交配中的一对　5. 集群串联产卵

3.5

白扇蟌

Platycnemis foliacea Selys, 1886

小型种类，外貌与叶足扇蟌酷似，二者并且在不少地方同域分布。雄性中后足胫节也有发达的扇子，但成熟个体常被白霜，可与叶足扇蟌区别；雌性体型和体色与雄性相似，但没有扇子，也不被霜，与叶足扇蟌雌性不易区分。本种年轻个体，无论雌雄，体表通常显现浅红褐色调。本种在重庆分布较少，仅限于较高海拔山区，且种群数量较小，对生存环境有一定的要求，是较好的环境指示物种。

成虫飞行期（月）

1	2	3	4	5	6	7	8	9	10	11	12

生境

山溪	山河	瀑布	滴水	山沼	山湖	山塘	湖泊	池塘	沼泽	江河	人工

濒危等级

CR	EN	VU	NT	LC	DD

DBI 指数 5　　保护指数 2

```
        1
------+------
  2   |   3
------+------
  4   |   5
```

1. 成熟雄性

2. 年轻雌性

3. 年轻雄性与雌性
同处

4. 交配中的一对

5. 雄性手持比例尺

3.6

白拟狭扇螅

Pseudocopera annulata（Selys, 1863）

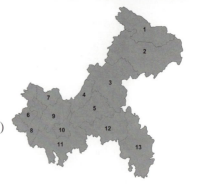

　　中型种类，身形相对细长，翅透明，体色为浅蓝绿色与黑色条纹相间。雄性中后足胫节稍扩展，但没有发育成明显的扇子，腹部末端几节具明显的浅蓝绿色；雌性体型和体色与雄性相似，但腹末端的浅色区很小，不明显。本种年轻个体，无论雌雄，体表通常显现浅黄色调，并随年龄增长而逐渐变成浅蓝绿色。本种中国分布较广，在重庆广布，且种群数量常较大，对生存环境适应能力较强，可作为环境指示和观赏物种。

成虫飞行期（月）

1	2	3	4	5	6	7	8	9	10	11	12

生境

山溪	山河	瀑布	滴水	山沼	山湖	山塘	湖泊	池塘	沼泽	江河	人工

濒危等级

CR	EN	VU	NT	LC	DD	

DBI 指数 2　　　保护指数 1

1. 雄性　2. 成熟雌性　3. 年轻雌性　4. 串联产卵的一对　5. 雄性手持比例尺

4

溪蟌科

Euphaeidae Selys, 1853

中型蜻蜓，属于相对粗壮的均翅类，体色多样而艳丽，多具复杂行为，分布在山间溪流等流水环境中，要求水质清澈且含氧量高，对生存条件要求较苛刻，是良好的研究模型和环境指示生物。世界已知溪蟌科21属79种[3]，中国已记录5属28种[4]，本书收录重庆有分布的溪蟌科种类3属4种。

巨齿尾溪蟌集群交配栖落在高枝上

雄性巨齿尾溪蟌

4.1
习见异翅溪螅

Anisopleura qingyuanensis Zhou, 1982

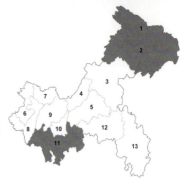

　　中型种类，身形健壮，成熟个体整体呈黑底色具黄绿色斑纹，体表微具白霜，典型的山区种类，有明显领域性。雄性翅基具少许淡琥珀色，后翅端具小而明显的黑色缘斑，腹末端几节背面具明显白霜；雌性与雄性相比身体短而粗壮，翅几乎无色透明。两性未成熟个体的浅色斑纹为蓝色，翅常具明显琥珀色，并常栖息在一起。本种为中国特有种类，在重庆仅分布于环境较原始的山区溪流，种群数量常较小，对生存环境要求较高，是良好的环境指示生物。

成虫飞行期（月）

1	2	3	4	5	6	7	8	9	10	11	12

生境

山溪	山河	瀑布	滴水	山沼	山湖	山塘	湖泊	池塘	沼泽	江河	人工

濒危等级

CR	EN	VU	NT	LC	DD

DBI 指数 6　　　保护指数 2

1. 成熟雄性　2. 年轻雌性　3. 年轻雄性　4. 成熟雌性　5. 雄性手持比例尺

4.2

大陆尾溪螅

Bayadera continentalis Asahina, 1973

中型种类，身形健壮，成熟个体整体黑色，具少许黄色斑纹，典型山区种类，有明显领域性。雄性体表被霜，尤其腹基部和端部几节白霜明显，翅端具渐变黑色斑；雌性与雄性酷似，但体表霜很少。本种为中国特有种类，较为稀少，在重庆仅分布于环境较原始的山区溪流，种群数量较小，又因为是早季节种类，故鲜为人知。本种对生存环境要求高，是良好的环境指示生物，并具有较高的科研和保护价值。

溪螅科

成虫飞行期（月）

1	2	3	4	5	6	7	8	9	10	11	12

生境

山溪	山河	瀑布	滴水	山沼	山湖	山塘	湖泊	池塘	沼泽	江河	人工

濒危等级

CR	EN	VU	NT	LC	DD

DBI 指数 7　　保护指数 4

```
  1
------------
  2
------------
3 ┊ 4
```

1—2. 成熟雄性
3. 成熟雌性手持比
例尺
4. 成熟雄性手持比
例尺

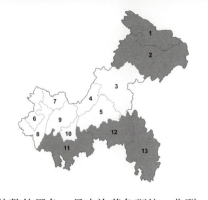

4.3

巨齿尾溪螅

Bayadera melanopteryx Ris, 1912

溪螅科

中型种类，身形健壮，成熟个体整体黑色，具少许黄色斑纹，典型山区种类，有明显领域性和复杂的繁殖行为。成熟雄性体表具霜，使浅色斑纹呈模糊灰色，翅端多具较大的渐变黑斑；雌性与雄性酷似，但体表霜少。据作者对本种的研究，翅斑在个体间变化明显，从几乎透明到整个翅呈黑褐色连续变化，且与种群和性别无关（研究成果尚未发表）。本种为中国特有种类，山区常见，在重庆几乎环境较好的山区都有分布，种群数量通常较大，是最为常见的溪螅种类。本种对生存环境要求较高，是良好的环境指示生物和观赏物种。

成虫飞行期（月）

1	2	3	4	5	6	7	8	9	10	11	12

生境

山溪	山河	瀑布	滴水	山沼	山湖	山塘	湖泊	池塘	沼泽	江河	人工

濒危等级

CR	EN	VU	NT	LC	DD

DBI 指数 5　　　保护指数 1

1. 成熟雄性　2. 成熟雌性　3. 成熟雄性　4. 交配串联的一对　5. 成熟雄性手持比例尺

4.4

褐翅溪螅

Euphaea opaca Selys, 1853

  中型种类，身形健壮，整体黑色具不明显黄色或黄绿色斑纹，典型的山区种类，有明显领域性。成熟雄性体表具黑色霜，使几乎整个身体呈黑天鹅绒色，此特征可与邻近种类区别，翅呈黑褐色不透明状；雌性外表与雄性截然不同，体表仅有轻微白霜，黄绿色斑纹明显，腹部短而粗壮。本种在中国南方虽分布较广泛，但种群数量通常较少，在重庆分布很少。本种对生存环境要求很高，是良好的环境指示生物和观赏物种。

成虫飞行期（月）

1	2	3	4	5	6	7	8	9	10	11	12

生境

山溪	山河	瀑布	滴水	山沼	山湖	山塘	湖泊	池塘	沼泽	江河	人工

濒危等级

CR	EN	VU	NT	LC	DD

DBI 指数 6 保护指数 2

<u>1</u>
<u>2</u> | 3   1. 成熟雄性　2. 成熟雌性　3. 成熟雄性手持比例尺

5

隼螅科

Chlorocyphidae Cowley, 1937

小型蜻蜓，身体强壮，唇基突出如鼻，故有"鼻
螅"之称，翅狭长具柄，多长于腹部，停栖
时束起于背上，足胫节常略有扩展。本科种类
属于热带及亚热带分布，体色多变，雄性多有
领域性，全部生活于流动水体，对水质及生存
环境要求高，是良好的生态行为学研究模型和
环境指示生物。世界已知溪螅 19 属 162 种 [3]，
中国已记录 5 属 20 种 [4]，本书收录重庆有分
布的本科种类 2 属 3 种。

雄性线纹鼻螅

雄性赵氏圣鼻螅

5.1

赵氏圣鼻蟌

Aristocypha chaoi（Wilson, 2004）

　　小型种类，身形健壮，典型的山区种类，有明显领域性和复杂的求偶及繁殖行为。成熟雄性体表鲜明的天蓝色，具少许黑色斑纹，翅大部分透明，翅端黑色，具虹彩明窗区[13]，翅痣天蓝色，中后足胫节略有延展，其前面亮白色，腹部扁平；雌性与雄性外貌迥异，体表黑色具黄绿色斑，翅几乎完全透明，腹部圆柱形。本种在重庆分布较为局限，种群数量不算丰富。本种对生存环境要求高，是良好的环境指示生物和著名观赏物种。

成虫飞行期（月）

1	2	3	4	5	6	7	8	9	10	11	12

生境

山溪	山河	瀑布	滴水	山沼	山湖	山塘	湖泊	池塘	沼泽	江河	人工

濒危等级

CR	EN	VU	NT	LC	DD		

DBI 指数 8　　　**保护指数 4**

```
 1
----------
 2
----------
3 ¦ 4
```

1. 成熟雄性侧面
   （周勇摄）
2. 成熟雄性背面
3. 雌性手持比例尺
4. 雄性手持比例尺

5.2

黄脊圣鼻蟌

Aristocypha fenestrella（Rambur, 1842）

　　典型的小型山区种类，有明显领域性和复杂的求偶及繁殖行为。成熟雄性体表几乎全黑色具不明显黄色斑纹，胸背面中央具一明显的窄三角形浅色长斑，多为淡紫色，此为本种区别其他邻近种类的明显特征，翅基部以外全部黑色，具复杂虹彩明窗区，翅痣淡紫色，中后足胫节略有延展，其前面亮白色；雌性外貌与雄性差别较大，身体黑色具少许黄绿色斑，腹部明显短小而粗壮。本种在重庆分布较为局限，种群数量较低，对生存环境要求高，是良好的环境指示生物和观赏物种。

隼蟌科

成虫飞行期（月）

1	2	3	4	5	6	7	8	9	10	11	12

生境

山溪	山河	瀑布	滴水	山沼	山湖	山塘	湖泊	池塘	沼泽	江河	人工

濒危等级

CR	EN	VU	NT	LC	DD

DBI 指数 6　　保护指数 2

1. 成熟雄性　2. 年轻雌性　3. 成熟雌性产卵　4. 雌性手持比例尺　5. 雄性手持比例尺

5.3
线纹鼻蟌

Rhinocypha drusilla Needham, 1930

　　黑黄色调为主的小型种类，身体粗壮，翅狭长，较喜飞行，行踪诡秘。成熟雄性最突出的特征为腹部背面明亮的橙色，飞行中形成鲜明的"信号"用来彼此识别，具有重要的生物生态学意义，也是本种区别于其他种类的重要特征，胸部黑色具黄色斑纹，翅琥珀色半透明，翅痣橙色，足胫节稍有扩展，前面白色；雌性外貌与雄性差别较大，且体色偏暗，具少许黄色斑纹，翅的褐色较淡，几乎透明，腹部更短而粗壮。本种在重庆分布较少，局限在山区，抗污染能力差，对环境变化敏感，是良好的环境指示物种和著名的观赏物种。

成虫飞行期（月）

1	2	3	4	5	6	7	8	9	10	11	12

生境

山溪	山河	瀑布	滴水	山沼	山湖	山塘	湖泊	池塘	沼泽	江河	人工

濒危等级

CR	EN	VU	NT	LC	DD	

DBI 指数 6　　　保护指数 3

1 | 2
3 | 4
5 | 6

1. 成熟雄性　2. 成熟雌性　3. 年轻雄性　4. 雌性在雄性看护下产卵

5. 雄性打斗行为　6. 雄性手持比例尺

6

大溪螁科

Philogangidae Kennedy, 1920

大型蜻蜓，身体壮硕，外形酷似差翅类，是最大型的均翅类之一，生存于环境良好的山间溪流，成虫生活期较长，有复杂的行为，是良好的研究模型和环境指示生物。世界仅记录 1 属 4 种[3]，中国记录 1 属 2 种[4]，本书收录重庆有分布的本科种类 1 属 1 种。

雄性壮大溪螁

刚羽化的雄性壮大溪螁，本种稚虫可以出水爬行 10 米左右，爬到具地面 2 米以上的树枝顶端羽化

6.1

壮大溪螅

Philoganga robusta Navás, 1936

　　大型种类，身体异常健硕，典型的山区种类，有领域性及繁殖行为，较喜飞行，控制区域较大。成熟个体黑色具黄色或黄绿色斑纹，翅狭长，翅柄长而明显，足长而粗壮，具较大的足刺，两性外形酷似，远观不易识别。本种在重庆分布较少，局限于山区，种群数量不大。本种对生存环境要求较高，加之体型大，易观察，是良好的环境指示生物，也是很好的观赏物种。

大溪螅科

成虫飞行期（月）

1	2	3	4	5	6	7	8	9	10	11	12

生境

山溪	山河	瀑布	滴水	山沼	山湖	山塘	湖泊	池塘	沼泽	江河	人工

濒危等级

CR	EN	VU	NT	LC	DD		

DBI 指数 6　　　保护指数 4

```
    1
------------
    2
------------
  3 ¦ 4
```

1. 成熟雄性腹面
2. 成熟雄性侧面
3. 成熟雌性
4. 年轻雄性手持比
例尺

7

山蟌科

Megapodagrionidae Tillyard, 1917

中到大型蜻蜓，身体多粗壮结实，体色多偏暗，大部分种类停栖时翅平展，有独特的行为，分布虽较广，但种群数量多较少，且局限在狭小区域。山蟌生存环境虽多样，但对栖息地的变化敏感，适应能力不强，很多类群濒于灭绝，是良好的研究模型和环境指示生物。世界记录 43 属 250 余种 [3]，中国已记录 9 属 29 种 [4]，本书收录重庆有分布的本科种类 4 属 8 种。

需要特别指出的是，本科的分类地位有效性早就被学界质疑，并有多方证据证明本科为并系群[14]，故"山蟌科"从科学意义上说已不存在。尽管很多近期研究试图解决山蟌科内各个类群间的关系，制订新的分类体系，可至今仍彼此矛盾，未有满意结果 [12—13]。作者也曾对此类群的分类地位进行研究 [14]，并仍在不懈的努力中。作者在此暂时沿用"山蟌科"这个名字，代指这一群分类未得解决的均翅类物种。

藏凸尾山蟌雄

杨氏华蟌雄

7.1

雅州凸尾山螅

Mesopodagrion yachowensis Chao, 1953

　　中型种类，身体健硕，翅透明，典型的山区种类，有领域性，较喜飞行，控制区域较大。成熟个体黑色具不明显蓝绿色或黄绿色斑纹，翅狭长，翅痣黑褐色，足粗壮。两性外形差别不大，雄性上肛附器基部明显肿大，此特征可以和本属其他种类区别[15]，雌性腹部较雄性稍显短而粗壮。本种在重庆分布较少，局限于北部山区，种群数量不大，对生存环境要求苛刻，是良好的环境指示生物，并具有较高保护价值。

山螅科

成虫飞行期（月）

1	2	3	4	5	6	7	8	9	10	11	12

生境

山溪	山河	瀑布	滴水	山沼	山湖	山塘	湖泊	池塘	沼泽	江河	人工

濒危等级

CR	EN	VU	NT	LC	DD		

DBI 指数 8　　　保护指数 4

1
2
3 4

1. 成熟雄性
2. 年轻雄性
3. 刚羽化不久的雌性
4. 雄性手持比例尺

7.2
藏凸尾山蟌
Mesopodagrion tibetanum McLachlan, 1896

中型种类，身体健硕，典型的山区种类，有领域性，较喜飞行，控制区域较大。成熟个体黑色具不明显蓝绿色或黄绿色斑纹，翅狭长，翅痣红褐色，足粗壮。两性外形差别不大，成熟雄性腹部末端常被白霜，雌性腹部较雄性短而粗壮。本种与雅州凸尾山蟌酷似，但雄性上肛附器基部不明显肿大[15]。本种在重庆分布较少，局限于南部山区，种群数量不大，对生存环境要求苛刻，是良好的环境指示生物，并具有较高保护价值。

山蟌科

成虫飞行期（月）

1	2	3	4	5	6	7	8	9	10	11	12

生境

山溪	山河	瀑布	滴水	山沼	山湖	山塘	湖泊	池塘	沼泽	江河	人工

濒危等级

CR	EN	VU	NT	LC	DD		

DBI 指数 8　　　保护指数 4

1. 成熟雄性 2. 成熟雌性 3. 交配中的一对

7.3

克氏古山螅

Priscagrion kiautai Zhou and Wilson, 2001

　　中型种类,体态修长,翅狭长透明,停栖时翅平展,具有明显的领域性,常静候在阴暗处,不喜飞行,为古老而稀少的种类。雄性通体黑色具少许黄绿色斑纹，翅端有少许深色区域，腹部末端几节亮蓝色；雌性体型和体色与雄性相似，但腹部较短粗，且末端不具蓝色。本种为我国特有物种，较稀有，研究价值较高，在重庆分布局限，种群数量小，对环境变化敏感，适应能力差，是良好的环境指示物种。

山螅科

成虫飞行期（月）

1	2	3	4	5	6	7	8	9	10	11	12

生境

山溪	山河	瀑布	滴水	山沼	山湖	山塘	湖泊	池塘	沼泽	江河	人工

濒危等级

CR	EN	VU	NT	LC	DD		

DBI 指数 9　　　**保护指数 6**

1. 成熟雄性
2. 成熟雌性
3. 雄性守护领地
4. 雄性手持比例尺

7.4
褐带扇山蟌
Rhipidolestes fascia Zhou, 2003

　　中型种类，体态修长，通体黑色，胸部具黄色斑纹，翅停栖时平展，具有领域性，是典型的山区物种。雄性翅脉红褐色，翅痣黄色，翅中部具宽阔而明显的黑褐色斑带，此特征可与其他邻近种类明显区分，足红褐色；雌性外形与雄性相似，但翅透明无斑。本种是早季节种类，常静候在阴暗处，不喜飞行，为我国特有物种，研究价值较高，在重庆分布局限，种群数量小，对环境变化敏感，适应能力差，是良好的环境指示物种。

山蟌科

成虫飞行期（月）

1	2	3	4	5	6	7	8	9	10	11	12

生境

山溪	山河	瀑布	滴水	山沼	山湖	山塘	湖泊	池塘	沼泽	江河	人工

濒危等级

CR	EN	VU	NT	LC	DD	

DBI 指数 8　　保护指数 4

1. 成熟雄性　2. 成熟雄性　3. 雄性在作者食指上

7.5

愉快扇山蟌

Rhipidolestes jucundus Lieftinck, 1948

　　中型种类，体态修长，通体黑色，胸部具黄色斑纹，翅透明，停栖时平展，具一定的领域性，常静候在阴暗处，不喜飞行。雄性面部、足和翅痣均为红褐色；雌性外貌与雄性相似，但面部和足为褐色，翅痣浅褐色。本种是早季节种类，在重庆分布局限，种群数量较小，对环境变化敏感，适应能力差，是良好的环境指示物种，具有较高研究价值。本种体型大小与褐带扇山蟌相似。

山蟌科

成虫飞行期（月）

1	2	3	4	5	6	7	8	9	10	11	12

生境

山溪	山河	瀑布	滴水	山沼	山湖	山塘	湖泊	池塘	沼泽	江河	人工

濒危等级

CR	EN	VU	NT	LC	DD		

DBI 指数 8　　　保护指数 4

1. 雄性背面观　2. 雄性侧面观　3. 雌性侧面观

7.6

褐顶扇山螅

Rhipidolestes truncatidens Schmidt, 1931

山螅科

中型种类，体态修长，通体黑色具少许浅色斑纹，翅相对狭长，透明，停栖时平展，具有领域性，常静候在阴暗处，不喜飞行。雄性面部黑色，胸部具红褐色斑纹，翅痣和足红褐色，翅端具黑褐色缘斑；雌性外貌与雄性相似，但胸部浅色斑纹偏黄，翅痣浅黄色，腹部相对短粗。本种在扇山螅属中属于晚季节种类，中国南方分布较广，但在重庆分布较局限，对环境变化敏感，适应能力不强，是良好的环境指示物种。

成虫飞行期（月）

1	2	3	4	5	6	7	8	9	10	11	12

生境

山溪	山河	瀑布	滴水	山沼	山湖	山塘	湖泊	池塘	沼泽	江河	人工

濒危等级

CR	EN	VU	NT	LC	DD	

DBI 指数 6   保护指数 3

1. 成熟雄性
2. 成熟雌性（杨㷍
傲摄）
3. 老熟雄性
4. 雄性手持比例尺

7.7

巴斯扇山螅

Rhipidolestes bastiaani Zhu and Yang, 1998

中型种类，体态修长，通体黑色，胸部具黄色斑纹，翅透明，相对狭长，停栖时平展，翅痣黑色，此特征可与邻近种类区别，足浅红褐色，两性外形酷似。本种是早季节种类，具有领域性，常静候在阴暗处，不喜飞行。本种较为稀有，在重庆分布局限，种群数量较小，研究价值较高，对环境变化敏感，适应能力差，是良好的环境指示物种。

山螅科

成虫飞行期（月）

1	2	3	4	5	6	7	8	9	10	11	12

生境

山溪	山河	瀑布	滴水	山沼	山湖	山塘	湖泊	池塘	沼泽	江河	人工

濒危等级

CR	EN	VU	NT	LC	DD

DBI 指数 8   保护指数 4

1. 雄性侧面观
2. 雄性背面观
3. 雌性
4. 雄性手持比例尺

7.8

杨氏华蟌

Sinocnemis yangbingi Wilson and Zhou, 2000

　　中型种类，体态适中，翅狭长而透明，停栖时翅平展，体黑色具蓝色和黄色斑纹，腹部末端几节具亮蓝色斑纹，雄性的蓝色更为醒目，两性外貌酷似，但雌性腹部相对稍显粗壮，具有明显的领域性，常静候在阴暗处，不喜飞行。本种为古老而稀少的中国特有种类，研究价值较高，在重庆分布局限，种群数量小，对环境变化敏感，适应能力差，是很好的环境指示物种。

山蟌科

成虫飞行期（月）

1	2	3	4	5	6	7	8	9	10	11	12

生境

山溪	山河	瀑布	滴水	山沼	山湖	山塘	湖泊	池塘	沼泽	江河	人工

濒危等级

CR	EN	VU	NT	LC	DD		

DBI 指数 9　　　保护指数 6

1　2
3　4
5　6　1—2. 雄性　3. 雌性捕食　4. 雌性（顾海军摄）　5. 交配中的一对　6. 雄性手持比例尺

重庆常见蜻蜓种类·均翅亚目　115

8

丝螅科

Lestidae Calvert, 1901

小到中型蜻蜓，体表大都有金属光泽的绿色，多数种类停栖时翅平展或张开，在蜻蜓目昆虫的进化历史上是一类古老类群。世界范围分布广泛，适应性极强，可出现于各种环境，是良好的环境指示生物。目前世界记录9属150余种[3]，中国已记录4属19种[4]，本书收录重庆有分布的本科种类2属3种。

躲在阴凉处的雄性瑶姬丝螅

8.1

蓝印丝螅

Indolestes cyaneus（Selys, 1862）

　　小型种类，身形细长，翅透明，生活于高海拔静水环境。雄性通体蓝绿色具黑色斑纹，翅狭窄，明显短于腹部，停栖时束起，具明显翅柄；雌性外形与雄性相似，体色偏黄，腹部相对雄性显得粗壮。本种平时行踪隐秘，不喜飞行，产卵于远离水面的枯枝，在重庆分布局限，且种群数量较小，具有较高研究价值。本种适应能力不强，对生存环境要求较高，是良好的环境指示物种。本种体型与奇印丝螅相似。

丝螅科

成虫飞行期（月）

1	2	3	4	5	6	7	8	9	10	11	12

生境

山溪	山河	瀑布	滴水	山沼	山湖	山塘	湖泊	池塘	沼泽	江河	人工

濒危等级

CR	EN	VU	NT	LC	DD

DBI 指数 8　　　保护指数 4

1

2
----
3 ┊ 4

1. 成熟雄性

2. 串联产卵中的一对

3. 雄性侧面观

4. 雌性

（此页图均为小飞虫摄）

8.2

奇印丝蟌

Indolestes peregrinus（Ris, 1916）

　　小型种类，身形细长，翅透明，生活于中高海拔静水环境。成熟雄性通体天蓝色具不规则黑色斑纹，翅狭窄且明显短于腹部，停栖时束起，翅柄明显；雌性与雄性相似，但通常体色偏黄，腹部明显粗壮。本种产卵于近水草本植物上，成虫具有较长的生活周期及复杂的生物学适应性，有待进一步研究。相关研究揭示本种体色随温度变化而变化，温度低时会由蓝色渐变到褐色，回暖时会重现蓝色[16]。本种在我国南方分布较广，在重庆仅分布于山区，适应能力一般，对生存环境有一定要求，是良好的环境指示物种，且具有较高研究价值。

丝蟌科

成虫飞行期（月）

1	2	3	4	5	6	7	8	9	10	11	12

生境

山溪	山河	瀑布	滴水	山沼	山湖	山塘	湖泊	池塘	沼泽	江河	人工

濒危等级

CR	EN	VU	NT	LC	DD

DBI 指数 5　　保护指数 2

1
2
3 | 4

1. 雄性
2. 交配串联中的一对
3. 雌性，黄色状态
4. 交配的一对手持
比例尺（何美露摄）

8.3

瑶姬丝螅

Lestes yaojiae Yu and Liu, 2025

中型种类，翅透明，停栖时常平展或半展，翅柄明显，体表为金属光泽绿色，具少许黄色斑，生活于高海拔静水环境。成熟雄性几乎通体呈金属绿色，腹部末端几节被白霜；雌性与雄性相似，但腹部相对粗短，其末端无霜，胸部和腹部侧面的黄色斑较雄性明显。本种是作者准备本书过程中发表的新物种，也是具金属光泽的丝螅属种类中分布最为靠南的成员之一，较稀有，研究价值高。本种仅分布于我国大巴山系，适应能力不强，对生存环境要求很高，是良好的环境指示物种，需要保护。

丝
螅
科

成虫飞行期（月）

1	2	3	4	5	6	7	8	9	10	11	12

生境

山溪	山河	瀑布	滴水	山沼	山湖	山塘	湖泊	池塘	沼泽	江河	人工

濒危等级

CR	EN	VU	NT	LC	DD

DBI 指数 9　　**保护指数** 6

9

综蟌科

Synlestidae Tillyard, 1917

大型蜻蜓,均翅类中体型最大的类群之一,物种数量不多,体表几乎全部呈具有金属光泽的绿色,世界性分布,但种群数量通常较小,适应性差,对生存环境要求苛刻,全部生活在山间溪流,水质较好的地区,是良好的环境指示生物。目前世界记录9属31种[3],中国已记录2属8种[4],本书收录重庆有分布的本科种类2属2种。

雄性褐腹绿综蟌以本属经典的栖落姿态吊挂在枯枝端部

9.1

褐腹绿综蟌

Megalestes distans Needham, 1930

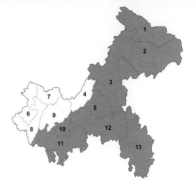

　　大型种类，翅透明，停栖时常平展，翅柄明显，通体金属光泽绿色，具少量黄色斑，生活于中高海拔流水环境，常吊挂于树荫下，不喜飞行，具有领域性。成熟雄性胸侧下方和腹部末端被白霜；雌性外貌与雄性相似，腹部相对粗短，且末端无霜，体表黄色斑相对明显些。作者近期对绿综蟌属做过详尽的分类研究[17]，证实本种是中国特有物种，较稀有，研究价值高，仅分布于我国四川盆地及周边地区，重庆是其主要分布区域之一。本种适应能力不强，对生存环境有较高要求，是良好的环境指示物种。

综蟌科

成虫飞行期（月）

1	2	3	4	5	6	7	8	9	10	11	12

生境

山溪	山河	瀑布	滴水	山沼	山湖	山塘	湖泊	池塘	沼泽	江河	人工

濒危等级

CR	EN	VU	NT	LC	DD		

DBI 指数 6　　　保护指数 2

1
2
3 : 4

1. 雄性
2. 雌性
3. 串联产卵的一对
4. 雄性手持比例尺

9.2

黄肩华综蟌

Sinolestes edita Needham, 1930

　　大型种类，通体金属光泽绿色，胸部具明显肩前条纹和少量黄色斑，翅狭窄，翅柄明显，停栖时常平展，生活于山区流水环境，常吊挂于树荫下，不喜飞行，具有领域性。成熟雄性腹部末端被白霜，具复杂的多型现象，至少包括透翅型、斑翅型、黑翅型，曾被认为是不同种，目前学界认为是同一种；雌性外貌与雄性相似，但腹部相对粗短，腹部末端无霜。本属是中国特有属，目前世界仅记录本种，较稀有，研究价值高。本种虽在中国南方多省均有分布，但种群数量通常较低，在重庆其分布区域局限，适应能力不强，对生存环境有较高要求，是良好的环境指示物种，需要保护。

成虫飞行期（月）

1	2	3	4	5	6	7	8	9	10	11	12

生境

山溪	山河	瀑布	滴水	山沼	山湖	山塘	湖泊	池塘	沼泽	江河	人工

濒危等级

CR	EN	VU	NT	LC	DD		

DBI 指数 7　　保护指数 4

```
    1
---------
    2
---------
3 | 4
```

1. 雄性透翅型
2. 交配的一对，斑翅
型雄性
3. 同种群的雄性透翅
型、黑翅型与雌性对
比（scpz128 摄）
4. 年轻雄性手持比
例尺

Anisoptera Selys in Selys and Hagen，1853

差翅亚目

多为中到大型蜻蜓，身体通常比较粗壮，复眼甚大，常占据头的大部分，飞行速度快且能长时间飞行，部分种类很少栖落，行动矫健，善于在空中捕食，为昆虫中名副其实的顶级捕食者。该类群普遍具有强烈的领域性和凶猛的打斗行为，部分种类具有长距离迁飞的能力和习性，其中的代表种类黄蜻是著名的全球漫游者，行踪异常神秘而有趣，是生态行为学领域的重要模式生物。本书记录了重庆及周边地区能够较容易见到的差翅类共 7 科 35 属 56 种。

10

蜓科

Aeshnidae Leach, 1815

大型蜻蜓，身体健硕，体色、斑纹变化多样，以绿色为主，飞行能力极强，习惯于长时间巡飞，在空中高速捕食各种猎物，是典型的空中杀手。种类较多，分布广泛，适应能力极强，很多类群有远距离迁飞习性，种群数量大，是良好的生态生物学研究模型和环境指示生物。目前世界记录 54 属 490 余种 [3]，中国已记录 14 属 70 种 [4]，本书收录重庆有分布的蜓科种类 5 属 7 种。

雄性巡行头蜓飞行中急转弯

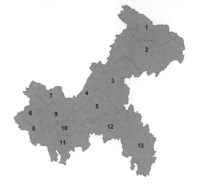

10.1

黑纹伟蜓

Anax nigrofasciatus Oguma, 1915

大型种类，体态健硕，翅宽阔而透明，常在山间池塘等静水区域来回巡飞，很少栖落。雄性复眼幽蓝色，胸部黄绿色具明显黑条纹，此特征可与同属其他种类区分，腹部整体黑色，具蓝色斑点，第二腹节亮蓝色具少许黑色斑纹；雌性体型与雄性相似，但具有两种色型，即明显与雄性不同的黄色型和酷似雄性的蓝色型。本种在重庆分布广泛，适应能力一般，体大而特征明显，易于观察，是较好的环境指示物种。

蜓科

成虫飞行期（月）

1	2	3	4	5	6	7	8	9	10	11	12

生境

山溪	山河	瀑布	滴水	山沼	山湖	山塘	湖泊	池塘	沼泽	江河	人工

濒危等级

CR	EN	VU	NT	LC	DD		

DBI 指数 3　　保护指数 0

1. 成熟雄性飞行中　2. 成熟雄性背面观　3. 黄色型产卵，雌性（刘兆瑞摄）

4. 蓝色型产卵，雌性（刘兆瑞摄）　5. 雄性手持比例尺

10.2

碧伟蜓

Anax parthenope（Selys, 1839）

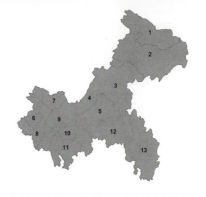

　　大型种类，体态健硕，翅宽阔而透明，常在各种静水区域来回巡飞，很少栖落。雄性复眼绿色，胸部黄绿色，无明显黑色条纹，腹部黑褐色具黄色斑点，第二腹节背侧浅蓝色具黑色斑纹；雌性体型与雄性相似，也具有蓝、黄两种色型，但蓝色型不如黑纹伟蜓那么酷似雄性。本种为中国广布种类，在重庆分布广泛，适应能力强，对环境要求不高，有远距离集群迁飞的习性，是较好的生态行为学研究模型。

蜓科

成虫飞行期（月）

1	2	3	4	5	6	7	8	9	10	11	12

生境

山溪	山河	瀑布	滴水	山沼	山湖	山塘	湖泊	池塘	沼泽	江河	人工

濒危等级

CR	EN	VU	NT	LC	DD		

DBI 指数 1　　　保护指数 0

1
2 | 3   1. 成熟雄性飞行中　2. 雌性飞行中，蓝色型　3. 雌性，黄色型（金洪光摄）
4 | 5   4. 串联产卵的一对　5. 雌性手持比例尺

10.3

巡行头蜓

Cephalaeschna patrorum Needham, 1930

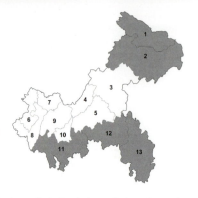

　　大型种类，翅宽阔而透明，体色绿与黑色相间为主，常在山间阴暗的小溪上低空快速来回巡飞，时而急停悬空很久，行动诡异，很少栖落，不易观察。雄性复眼绿色，胸部具粗大的黑色条纹，腹部黑色具少许绿色斑点，第二腹节侧面具明显的耳突；雌性与雄性酷似，但腹部较粗壮。本种为典型的山区种类，多在晨昏活动，在重庆山区分布相对广泛，但能见到的个体数量不多，适应能力不强，对环境要求较高，是良好的环境指示物种。

蜓科

成虫飞行期（月）

1	2	3	4	5	6	7	8	9	10	11	12

生境

山溪	山河	瀑布	滴水	山沼	山湖	山塘	湖泊	池塘	沼泽	江河	人工

濒危等级

CR	EN	VU	NT	LC	DD

DBI 指数 6　　　保护指数 2

1
2
3 | 4

1. 雄性巡飞
2. 雄性背面观
3. 雄性侧面观
4. 雄性手持比例尺

10.4
日本长尾蜓
Gynacantha japonica Bartenev, 1909

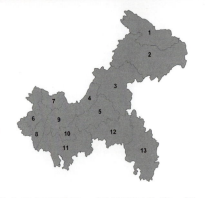

　　大型种类，身形相对纤细，成熟个体复眼蓝色，腰部明显收缩，翅宽大而透明，胸部绿色为主，杂以少量黑斑，腹部黑褐色为主杂以少量黄绿色斑点，上肛附器异常修长，可为本种的鉴定特征。雄性第二腹节蓝色为主，侧面具耳突，靠近胸部的腹部浅色斑点偏蓝；雌性与雄性酷似，但腹部无蓝色斑。本种行动诡异，白天不易看到，黄昏时有集群捕食的行为。本种在中国南方广布，且通常种群数量较大，在重庆分布广泛，常在城市庭院中可见，夜晚有时受灯光吸引而进入民宅，适应能力强，对环境有一定的要求，可作为环境指示物种。

蜓科

成虫飞行期（月）

1	2	3	4	5	6	7	8	9	10	11	12

生境

山溪	山河	瀑布	滴水	山沼	山湖	山塘	湖泊	池塘	沼泽	江河	人工

濒危等级

CR	EN	VU	NT	LC	DD		

DBI 指数 5　　保护指数 2

1. 雄性巡飞　2. 雄性背面观　3. 成熟雌性　4. 年轻雌性

5. 交配中的一对　6. 雄性手持比例尺

10.5

遂昌黑额蜓

Planaeschna suichangensis Zhou and Wei, 1980

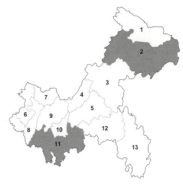

　　大型种类，体色以黄黑条纹相间为主，翅宽大而透明，前额部具明显黑色大斑，此特征可与邻近种类区分。雄性成熟个体复眼蓝色，第二腹节侧面具耳突；雌性与雄性酷似，但腹部相对粗壮。本种行动诡异，经常在幽暗的小溪水面上低空巡飞，不时悬停，黄昏时有集群捕食的行为。本种在中国南方广布，且种群数量较大，在重庆山区有分布但不算广泛，适应能力较差，对环境有较高要求，是良好的环境指示物种。

蜓科

成虫飞行期（月）

1	2	3	4	5	6	7	8	9	10	11	12

生境

山溪	山河	瀑布	滴水	山沼	山湖	山塘	湖泊	池塘	沼泽	江河	人工

濒危等级

CR	EN	VU	NT	LC	DD	

DBI 指数 6　　保护指数 2

1. 雄性背面观　2. 雄性侧面观　3. 雌性侧面观　4. 雄性手持比例尺

10.6

鸟头多棘蜓

Polycanthagyna ornithocephala (McLachlan, 1896)

大型种类，体型健硕，体色以黄黑条纹相间为主，翅宽大而透明。雄性成熟个体复眼蓝色，第二腹节侧面具耳突，腹部侧面的黄绿色斑偏褐色；雌性与雄性体型相似，但腹部相对粗壮，年轻时整体呈红褐色，随着年龄增长，逐渐变为黑褐色，具少许黄绿色斑纹。本种飞行速度快，但雄性在巡飞过程中不时栖落,热带亚热带分布类型,中国南方分布较广，但在重庆分布较少，适应能力较差，对环境有较高的要求，是良好的环境指示物种。

成虫飞行期（月）

1	2	3	4	5	6	7	8	9	10	11	12

生境

山溪	山河	瀑布	滴水	山沼	山湖	山塘	湖泊	池塘	沼泽	江河	人工

濒危等级

CR	EN	VU	NT	LC	DD

DBI 指数 6　　　保护指数 2

1. 雄性背面观　2. 雄性侧面观　3. 雄性腹面观　4. 雌性手持比例尺

10.7

黑多棘蜓

Polycanthagyna melanictera（Selys, 1883）

　　大型种类，大小与鸟头多棘蜓相仿，翅透明而宽阔，体色黄黑相间，活动较为隐秘。雄性复眼幽蓝色，第二腹节侧面具耳突，腹面具亮蓝色斑，此特征可与邻近种类区别；雌性外貌与雄性相似，但复眼绿褐色，腹部无蓝色斑，且浅色斑纹偏褐色并较明显。本种为热带亚热带分布类型，常在阴暗山间池塘等处匆匆巡飞，不常现身，中国南方分布较广，但因行踪诡秘不易见到，能观察的种群数量小，在重庆分布局限，适应能力差，对生存环境要求苛刻，是较好的环境指示物种。

成虫飞行期（月）

1	2	3	4	5	6	7	8	9	10	11	12

生境

山溪	山河	瀑布	滴水	山沼	山湖	山塘	湖泊	池塘	沼泽	江河	人工

濒危等级

CR	EN	VU	NT	LC	DD

DBI 指数 7　　　**保护指数 2**

1
2
3 | 4

1. 成熟雄性
2. 成熟雌性
3. 雄性侧面示腹部
腹面的蓝色斑
4. 雄性侧面

11

裂唇蜓科

Chlorogomphidae Carle, 1995

大型或超大型蜻蜓，是蜻蜓中体型最大的类群之一，身体强健，翅常宽大且具有美丽的斑纹，善于高空长时间翱翔，因此常不容易近距离观察。目前世界记录 3 属 50 余种 [3]，中国已记录 3 属 18 种 [4]，本书收录重庆有分布的本科种类 1 属 1 种。由于本科种类较难获得研究标本，且可能存在复杂的多型现象，目前的分类学研究并不完善。此外，由于是大型种类，且多比较漂亮，是滥捕者觊觎的主要蜻蜓类群之一，又因种群数量常较小，易于遭到地方性灭绝的风险，亟待保护。

雄性铃木裂唇蜓在溪流上巡飞（杨煴傲摄）

11.1

铃木裂唇蜓

Chlorogomphus suzukii（Oguma, 1926）

　　超大型种类，体态相对修长，尤其腹部较长，复眼绿色，翅宽阔，体色黄黑相间，活动较为隐秘，喜高空翱翔，体型与巨圆臀大蜓相仿。雄性翅透明，腹部尤其相对细长，阳光充足时常在溪流水面快速长距离巡飞，不易观察；雌性与雄性外形相似，但翅常有淡琥珀色，腹部相对于雄性粗短。本种为热带亚热带分布类型，分布相对广，但因行踪诡秘不易见到，能观察到的种群数量较小，在重庆分布局限，适应能力差，对生存环境要求苛刻，是较好的环境指示物种。

裂唇蜓科

成虫飞行期（月）

1	2	3	4	5	6	7	8	9	10	11	12

生境

山溪	山河	瀑布	滴水	山沼	山湖	山塘	湖泊	池塘	沼泽	江河	人工

濒危等级

CR	EN	VU	NT	LC	DD

DBI 指数 6　　　**保护指数** 2

12

大蜓科

Cordulegastridae Tillyard, 1917

大型或超大型蜻蜓,是蜻蜓中体型最大的类群之一,身体强健,善于低空巡飞,常见到在山间公路上低飞掠过,体色均是黄黑色相间的斑纹组成,分布广泛,几乎遍及全球,适应能力一般,通常生活在流水环境,比较容易见到,是良好的环境指示生物。目前世界记录3属53种[3],中国已记录3属8种[4],本书收录重庆有分布的本科种类1属1种。由于本科种类较难获得研究标本,且分布广泛而种群间变异较多,目前的分类学研究并不完善,作者正在与国际同行合作,希望能在不久的将来取得进展。此外,由于是大型种类,也是滥捕者觊觎的类群之一,故本科所有种类需要保护。

雄性巨圆臀大蜓巡飞间隙在领域内的草上小憩

12.1

巨圆臀大蜓

Anotogaster sieboldii（Selys, 1854）

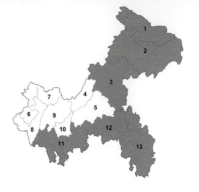

　　超大型种类，体态健硕，性情凶猛，复眼蓝绿色，似宝石，足异常粗壮，翅宽阔透明，体色黄黑相间，是典型的山间溪流种类。雄性常在溪流上低空巡飞，且有在公路路面上低空巡飞的习性；雌性与雄性外形相似，但产卵器锥状，异常发达，产卵时以特殊的"插秧"方式在水边低飞，将卵产入泥、沙中。本种在中国分布广泛，从南到北的山地广有分布，在重庆的主要山区均有分布，适应能力一般，对生存环境有一定的要求，是较好的环境指示物种，也可作为观赏物种。

成虫飞行期（月）

1	2	3	4	5	6	7	8	9	10	11	12

生境

山溪	山河	瀑布	滴水	山沼	山湖	山塘	湖泊	池塘	沼泽	江河	人工

濒危等级

CR	EN	VU	NT	LC	DD

DBI 指数 6　　　**保护指数 2**

大蜓科

1
2
3 : 4

1. 雄性
2. 雌性
3. 雌性飞行产卵
4. 雄性手持比例尺

13

春蜓科

Gomphidae Rambur, 1842

中到大型蜻蜓，身体强健，翅透明而相对窄小，体色几乎均是黄黑色相间的斑纹组成并以黄色为主，腹部末端常有叶状扩展或膨大等装饰结构，世界性分布，是种类最丰富的差翅类之一，适应能力很强，各种环境中均有分布，比较容易见到，是良好的环境指示生物。目前世界记录 103 属 1000 余种 [3]，中国已记录 35 属 181 种 [4]，是拥有本科物种多样性最高的国家之一，赵修复先生曾对我国的春蜓分类学作出过奠基性贡献 [18]。本书收录重庆有分布的本科种类 9 属 12 种。

雄性大团扇春蜓优雅地守护在自己领地"观察台"上

13.1

安氏异春蜓

Anisogomphus anderi Lieftinck, 1948

中型种类，身体粗壮，翅透明，体色黄黑条纹相间，不喜飞行，常栖落在石头、地面、植物上，有领域性，后足长而粗壮多长刺，行踪诡秘，体型与马奇异春蜓相仿。雄性腹部末端几节明显扩展，并具少量不稳定的黄斑，上肛附器浅黄色；雌性体型色斑与雄性相似，但腹部末端几乎无扩展。本种是典型山区种类，在重庆分布局限，种群数量低，抗污染能力较差，对环境变化敏感，是较好的环境指示物种。

成虫飞行期（月）

1	2	3	4	5	6	7	8	9	10	11	12

生境

山溪	山河	瀑布	滴水	山沼	山湖	山塘	湖泊	池塘	沼泽	江河	人工

濒危等级

CR	EN	VU	NT	LC	DD	

DBI 指数 7　　**保护指数 2**

春蜓科

```
  1
------------
  2
------------
 3 ┆ 4
```

1. 雄性（周勇摄）
2. 雄性（腹末端黄
斑变化）
3. 刚羽化的雌性
4. 雌性标本照

13.2

双条异春蜓

Anisogomphus bivittatus Selys, 1854

　　中型种类，身体粗壮，翅透明，体色黄黑条纹相间，不喜飞行，常栖落在石头、地面、植物上，有领域性，后足长而粗壮多长刺，行踪诡秘，体型与马奇异春蜓相仿。雄性腹部末端几节明显扩展，具黄斑；雌性体型及色斑与雄性酷似。本种是典型山区种类，在重庆分布局限，种群数量低，较为稀少，抗污染能力较差，对环境变化敏感，是较好的环境指示物种。

成虫飞行期（月）

1	2	3	4	5	6	7	8	9	10	11	12

生境

山溪	山河	瀑布	滴水	山沼	山湖	山塘	湖泊	池塘	沼泽	江河	人工

濒危等级

CR	EN	VU	NT	LC	DD		

DBI 指数 8　　　**保护指数 3**

春蜓科

1
- - - - - - - - - - -
2　　1. 雄性　　2. 雌性

13.3

马奇异春蜓

Anisogomphus maacki（Selys, 1872）

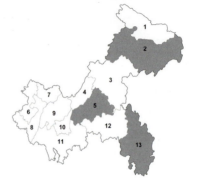

　　中型种类，身体粗壮，翅透明，体色黄黑条纹相间，不喜飞行，常栖落在石头、地面、植物上，后足长而粗壮多长刺，有领域性。雄性腹部末端几节明显扩展并具鲜艳黄斑；雌性体型及色斑与雄性相似，腹部末端的扩展不如雄性明显。本种在中国分布较广，是山区比较常见的春蜓种类，在重庆分布不连续，局限在山区，抗污染能力较差，对环境变化敏感，是较好的环境指示物种及观赏物种。

春蜓科

成虫飞行期（月）

1	2	3	4	5	6	7	8	9	10	11	12

生境

山溪	山河	瀑布	滴水	山沼	山湖	山塘	湖泊	池塘	沼泽	江河	人工

濒危等级

CR	EN	VU	NT	LC	DD		

DBI 指数 6　　　保护指数 2

1. 成熟雄性

2. 成熟雌性

3. 雄性背面

4. 雄性手持比例尺

13.4

安定亚春蜓

Asiagomphus pacatus（Chao, 1953）

中型种类，身体粗壮，翅透明，体色黄黑条纹相间，不喜飞行，常栖落在石头、地面、植物上，有领域性，行踪诡秘。雄性腹部末端几节轻微扩展并具少许黄斑；雌性体型及色斑与雄性相似，腹部末端无扩展。本种是典型的山地种类，在重庆分布局限，数量稀少，抗污染能力较差，对环境变化敏感，是较好的环境指示物种。

成虫飞行期（月）

1	2	3	4	5	6	7	8	9	10	11	12

生境

山溪	山河	瀑布	滴水	山沼	山湖	山塘	湖泊	池塘	沼泽	江河	人工

濒危等级

CR	EN	VU	NT	LC	DD		

DBI 指数 6   保护指数 2

1. 年轻雌性　2. 雄性　3. 雄性手持比例尺

13.5

弗鲁戴春蜓

Davidius fruhstorferi Martin, 1904

　　小型种类，身形纤细，翅透明，体色黄黑条纹相间，不喜飞行，常栖落在石头、地面、植物上，有一定的领域性。本种两性体型体色酷似，雄性上肛附器的颜色会随年龄而由浅黄变深，雌性腹部相对雄性明显粗壮。本种在中国分布较广，是山区比较常见的春蜓种类，在重庆分布不连续，局限在山区，抗污染能力较差，对环境变化较敏感，是较好的环境指示物种。

成虫飞行期（月）

1	2	3	4	5	6	7	8	9	10	11	12

生境

山溪	山河	瀑布	滴水	山沼	山湖	山塘	湖泊	池塘	沼泽	江河	人工

濒危等级

CR	EN	VU	NT	LC	DD		

DBI 指数 6　　保护指数 2

春蜓科

1	2
3	4
5	6

1. 雄性　2. 雌性　3. 年轻雄性　4. 刚羽化的雄性与蜕　5. 交配中的一对　6. 雌性手持比例尺

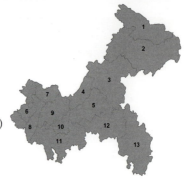

13.6
小团扇春蜓
Ictinogomphus rapax（Rambur, 1842）

　　大型种类，身体粗壮，翅透明，体色黄黑条纹相间，腹部细棒状，较喜飞行，喜欢栖落在水边的突出树枝、草棍顶上，常随日光的强弱展现不同栖落姿态，有明显领域性。雄性腹部末端几节明显扩展呈叶片状，具黄斑；雌性体型色斑与雄性相似，腹部相对粗壮，末端的扩展相对较小。本种中国分布较广，是南方比较常见的春蜓种类，在重庆广布，抗污染能力较强，体型大而容易观察，可作为环境指示物种，也是良好的观赏物种。

成虫飞行期（月）

1	2	3	4	5	6	7	8	9	10	11	12

生境

山溪	山河	瀑布	滴水	山沼	山湖	山塘	湖泊	池塘	沼泽	江河	人工

濒危等级

CR	EN	VU	NT	LC	DD	

DBI 指数 3　　保护指数 1

春蜓科

1. 雄性　2. 雌性　3. 雄性翘尾栖落　4. 雄性常规栖落　5. 雄性手持比例尺

1
2 | 3
4 | 5

13.7

环纹环尾春蜓

Lamelligomphus ringens（Needham, 1930）

　　大型种类，身体粗壮，翅透明，体色黄黑条纹相间，复眼翠蓝色，腹部细棒状，具明显的环状黄斑纹，此特征可与邻近种区别，较喜飞行，有巡飞习性，但经常栖落在石头、树枝等处，常随日光的强弱呈现不同栖落姿态，有明显领域性。雄性腹部末端几节有扩展，上下肛附器异常发达，相互卷曲重叠呈环状；雌性体型色斑与雄性相似，腹部末端几乎无扩展。本种是山间溪流种类，在重庆分布局限，对生存环境要求较高，是良好的环境指示物种。

成虫飞行期（月）

1	2	3	4	5	6	7	8	9	10	11	12

生境

山溪	山河	瀑布	滴水	山沼	山湖	山塘	湖泊	池塘	沼泽	江河	人工

濒危等级

CR	EN	VU	NT	LC	DD		

DBI 指数 6　　保护指数 2

春蜓科

1. 雄性　2. 雄性翘尾栖落　3. 雌性　4. 雄性常规栖落　5. 雄性手持比例尺

13.8

双髻环尾春蜓

Lamelligomphus tutulus Liu and Chao in Chao, 1990

　　中型种类，身体粗壮，翅透明，体色黄黑条纹相间，复眼暗绿色，腹部黄色斑纹明显较环纹环尾春蜓小，不成环状，较喜飞行，有巡飞习性，喜欢经常栖落在石头、树枝顶端等处，常随日光的强弱呈现不同栖落姿态，有明显领域性。雄性腹部末端几节有扩展，上下肛附器异常发达，相互卷曲重叠呈环状；雌性体型色斑与雄性相似，腹部末端几乎无扩展。本种是山间溪流种类，在重庆分布局限，对生存环境要求较高，是良好的环境指示物种。体型与环纹环尾春蜓相似。

成虫飞行期（月）

1	2	3	4	5	6	7	8	9	10	11	12

生境

山溪	山河	瀑布	滴水	山沼	山湖	山塘	湖泊	池塘	沼泽	江河	人工

濒危等级

CR	EN	VU	NT	LC	DD

DBI 指数 6　　　保护指数 2

1
2
3 | 4

1. 雄性
2. 雌性
3. 雄性翘尾栖落
4. 雄性常规栖落

13.9

帕维长足春蜓

Merogomphus paviei Martin, 1904

　　大型种类，身体较粗壮，翅透明，体色黄黑条纹相间，后足长，粗壮多长刺，腹部明显细长，不喜飞行，常栖落在石头、地面、植物上，有领域性。雄性腹部末端几节有扩展但无浅色斑；雌性体型色斑与雄性酷似，但腹部末端的扩展不明显，且腹部相对粗壮。本种在中国南方分布较广，是山区比较常见的春蜓种类，但在重庆分布局限，抗污染能力一般，对环境变化较敏感，是较好的环境指示物种。

成虫飞行期（月）

1	2	3	4	5	6	7	8	9	10	11	12

生境

山溪	山河	瀑布	滴水	山沼	山湖	山塘	湖泊	池塘	沼泽	江河	人工

濒危等级

CR	EN	VU	NT	LC	DD	

DBI 指数 6　　　保护指数 2

春蜓科

```
----------
   1
----------
   2
----------
3 ¦ 4
```

1. 雄性
2. 雌性
3. 雄性背面
4. 雌性手持比例尺

13.10

贝氏日春蜓

Nihonogomphus bequaerti Chao, 1954

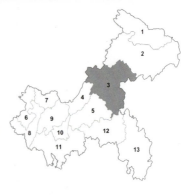

　　中型种类，身体较粗壮，翅透明，体色黄绿与黑条纹相间，胸部黑斑相对少，较喜飞行，偶有巡飞习性，喜欢经常栖落在石头等处，有领域性。雄性腹部末端几节有扩展，上肛附器异常发达，长钩状；雌性体型色斑与雄性相似，腹部末端几乎无扩展。本种是山间溪流种类，在重庆分布局限，对生存环境要求较高，是良好的环境指示物种。

成虫飞行期（月）

1	2	3	4	5	6	7	8	9	10	11	12

生境

山溪	山河	瀑布	滴水	山沼	山湖	山塘	湖泊	池塘	沼泽	江河	人工

濒危等级

CR	EN	VU	NT	LC	DD

DBI 指数 6　　　保护指数 3

春蜓科

1. 雄性（陈尽摄） 2. 雄性正面观 3. 雄性手持比例尺

13.11

大团扇春蜓

Sinictinogomphus clavatus（Fabricius, 1775）

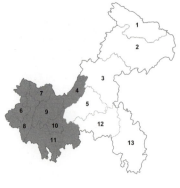

　　大型种类，身体粗壮，翅透明，体色黄黑条纹相间，腹部细棒状，较喜飞行，有巡飞习性，喜欢栖落在水边的突出树枝、草棍顶上，常随日光的强弱呈现不同栖落姿态，有明显领域性。雄性腹部末端几节异常扩展呈半圆形车轮状，并具鲜艳黄斑，此特征可区别于邻近种类；雌性体型色斑与雄性相似，腹部末端的扩展相对雄性略小，腹部相对粗壮，产卵时以细丝将所有卵粘连在一起。本种中国广布，是少数仅分布于静水中的春蜓种类，在重庆广布于主城及邻近地势平缓地区，抗污染能力较强，体型大而容易观察，可作为环境指示物种，是著名的观赏物种。

成虫飞行期（月）

1	2	3	4	5	6	7	8	9	10	11	12

生境

山溪	山河	瀑布	滴水	山沼	山湖	山塘	湖泊	池塘	沼泽	江河	人工

濒危等级

CR	EN	VU	NT	LC	DD		

DBI 指数 3　　保护指数 1

春蜓科

1
2
3 | 4

1. 雄性正面
2. 雄性背面
3. 雌性（金洪光摄）
4. 雄性手持比例尺

13.12

净棘尾春蜓

Trigomphus lautus（Needham, 1931）

　　小型种类，身形纤细，翅透明，体色黄黑条纹相间，不喜飞行，常栖落在石头、地面、植物上，有一定的领域性。两性体型体色酷似，雌性腹部相对雄性较为粗壮。本种属于早季节种类，在重庆可能是最早羽化的蜻蜓种类之一，虽然在中国南方多处有分布记录，在邻近的四川比较常见且种群数量通常不小，但在重庆并不多见，在主城区发现羽化个体，却不易观察到繁殖个体，本种在生物学及行为学领域有较高的研究价值，对生存环境有一定要求，是良好的环境指示物种。本种大小与弗鲁戴春蜓相仿。

成虫飞行期（月）

1	2	3	4	5	6	7	8	9	10	11	12

生境

山溪	山河	瀑布	滴水	山沼	山湖	山塘	湖泊	池塘	沼泽	江河	人工

濒危等级

CR	EN	VU	NT	LC	DD		

DBI 指数 5　　　保护指数 4

春蜓科

1. 雄性背面

2. 雄性侧面

3. 雌性飞行中产卵
   （红色箭头所指）

4. 羽化失败的雌性
   与蜕

14

伪蜻科

Corduliidae Kirby, 1890

中型蜻蜓，飞行能力极强，雄性长时间在领域巡飞，经常悬停空中不动，很少栖落，体色几乎都具金属光泽的黑绿色，间以少量黄色斑纹，分布广泛，适应能力较强，是良好的环境指示生物。目前世界记录23属160余种[3]，中国已记录6属17种[4]，本书收录重庆有分布的本科种类3属3种。异伪蜻属 *Idionyx* 原属于本科，但目前学界对其科级归属有争议[3]，为便于应用，本书暂时仍将其置于本科内。

雄性格氏金光伪蜻
在领域中巡飞悬停

14.1

棉兰半伪蜻

Hemicordulia mindana Needham and Gyger, 1937

　　中型种类，体色黄黑条纹相间，复眼碧绿色，与暗淡的体色形成鲜明对比，翅透明而宽大，有长时间巡飞的习性，经常悬停空中，很少栖落，有领域性。两性体型颜色酷似，雌性腹部相对雄性略显粗壮。本种在重庆属于早季节种类，局限分布在南部山区，种群数量很小，行为诡秘，不易见到，对环境要求苛刻，是良好的环境指示生物，同时具有较高的研究价值。体型与格氏金光伪蜻相似。

成虫飞行期（月）

1	2	3	4	5	6	7	8	9	10	11	12

生境

山溪	山河	瀑布	滴水	山沼	山湖	山塘	湖泊	池塘	沼泽	江河	人工

濒危等级

CR	EN	VU	NT	LC	DD

DBI 指数 8　　　　**保护指数 4**

伪蜻科

1

2

3

1. 雄性巡飞侧面观
2. 雄性巡飞正面观
3. 雄性侧背观（王
润玺摄）

14.2

脊异伪蜻

Idionyx carinata Fraser, 1926

　　小型种类，体色黄黑条纹相间，黑色为主，复眼碧绿色，与暗淡的体色形成鲜明对比，翅宽大，透明略带烟色，喜飞行，但日间少见，常在黄昏时分在山间路边快速飞舞捕食，行动异常敏捷，不易观察清楚。两性体型颜色酷似，雌性翅上的烟褐色更深。本种在重庆不常见，局限分布在南部山区，种群数量通常不大，行为诡秘，对环境要求苛刻，是良好的环境指示生物。

成虫飞行期（月）

1	2	3	4	5	6	7	8	9	10	11	12

生境

山溪	山河	瀑布	滴水	山沼	山湖	山塘	湖泊	池塘	沼泽	江河	人工

伪蜻科

濒危等级

CR	EN	VU	NT	LC	DD

DBI 指数 6　　　**保护指数 2**

```
1
------
2
------
3 ┊ 4
```

1. 雄性背面观
2. 雌性背面观
3. 雄性侧面观
4. 雌性手持比例尺

14.3
格氏金光伪蜓
Somatochlora graeseri Selys, 1887

中型种类，体色为有金属光泽的暗绿色，仅在腹部前两节侧面具少许黄色斑，复眼碧绿色，与暗淡的体色形成鲜明对比，翅宽大而透明，喜飞行，有巡飞习性和较强领域性，常悬停飞行，不常栖落。两性体型颜色酷似，雌性翅基部有琥珀色斑。本种中国分部较广，但在重庆不常见，局限分布在北部山区，易于观察，对生存环境有一定的要求，是较好的环境指示生物和观赏物种。

成虫飞行期（月）

1	2	3	4	5	6	7	8	9	10	11	12

生境

山溪	山河	瀑布	滴水	山沼	山湖	山塘	湖泊	池塘	沼泽	江河	人工

濒危等级

CR	EN	VU	NT	LC	DD	

DBI 指数 6   保护指数 1

伪蜓科

1. 雄性背面观　2. 雌性背面观（金洪光摄）　3. 雄性侧背观

4. 雌性侧面观（金洪光摄）　5. 雄性巡飞　6. 雄性手持比例尺

15.1

闪蓝丽大伪蜻

Epophthalmia elegans（Brauer, 1865）

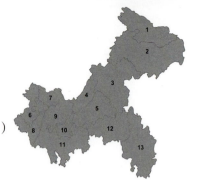

　　大型种类，形体健硕，体表以金属光泽的暗绿色为主，间以黄色条纹，复眼碧绿色，翅宽大而透明，喜飞行，有巡飞习性和较强领域性，常可见在水边低空往复长距离巡飞。两性体型颜色酷似，不易区别。本种中国广布，在重庆也是最为常见的蜻蜓种类之一，且飞行期很长，几乎除冬季以外的所有季节都可看到，易于观察，对生存环境要求不高，可作为环境指示生物，是著名的观赏物种。

成虫飞行期（月）

1	2	3	4	5	6	7	8	9	10	11	12

生境

山溪	山河	瀑布	滴水	山沼	山湖	山塘	湖泊	池塘	沼泽	江河	人工

濒危等级

CR	EN	VU	NT	LC	DD		

DBI 指数 1　　　保护指数 1

大伪蜻科

1. 雄性悬停飞行
2. 雌性背面观
3. 雌雄一对双双栖落
4. 雄性手持比例尺

15.2

莫氏大伪蜻

Macromia moorei Selys, 1874

　　大型种类，形体健硕，体表以金属光泽的暗绿色为主，间以淡黄色条纹，复眼碧绿色，翅宽大而透明，喜飞行，有巡飞习性和较强领域性，是典型的山区种类，可见在溪流水面低空巡飞。两性体型颜色酷似，不易区别。本种外貌与闪蓝丽大伪蜻相似，但浅色斑纹明显较前者少且更淡。本种在重庆分布局限，是典型的山区种类，对生存环境要求苛刻，是良好的环境指示生物。

成虫飞行期（月）

1	2	3	4	5	6	7	8	9	10	11	12

生境

山溪	山河	瀑布	滴水	山沼	山湖	山塘	湖泊	池塘	沼泽	江河	人工

濒危等级

CR	EN	VU	NT	LC	DD		

DBI 指数 5　　保护指数 2

大伪蜻科

1. 雄性巡飞　2. 雄性侧面观　3. 雄性手持比例尺

16

蜻科

Libellulidae Leach, 1815

中、小型蜻蜓，种类异常丰富，是多样性最高的蜻蜓类群之一，体色异常五彩斑斓，也是最漂亮的蜻蜓类群之一，分布广泛，适应能力极强，遍及世界各地，是人类最熟悉和喜爱的昆虫之一，也是著名的观赏昆虫和文化昆虫，可作为良好的环境指示生物。目前世界记录 140 属 1030 余种 [3]，中国已记录40 属 101 种 [4]，本书收录重庆有分布的本科种类 14 属 30 种。

雄性晓褐蜻在烈日下高高竖起腹部

雄性玉带蜻完成几轮巡飞后躲在再力花叶子后小憩

16.1

锥腹蜻

Acisoma panorpoides Rambur, 1842

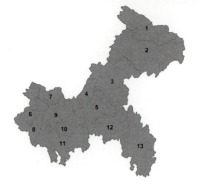

　小型种类，翅透明，腹部前段明显膨大，此特征可与其他种类相区别，不喜飞行，常栖落在草上，具有领域性。雄性通体浅蓝色，具黑色不规则斑纹，复眼碧蓝色；雌性体型与雄性酷似，但体色以黄褐色为主。本种年轻个体均通体褐色，难于区分性别。本种中国分布较广，为较常见的静水物种，能在城市水体生存，在重庆广布，具一定抗污染能力，对环境变化相对敏感，是较好的环境指示和观赏物种。

成虫飞行期（月）

1	2	3	4	5	6	7	8	9	10	11	12

生境

山溪	山河	瀑布	滴水	山沼	山湖	山塘	湖泊	池塘	沼泽	江河	人工

濒危等级

CR	EN	VU	NT	LC	DD

DBI 指数 3　　保护指数 1

```
1
----------
2
----------
3 │ 4
```

1. 成熟雄性
2. 成熟雌性
3. 年轻雌性
4. 雄性手持比例尺

16.2
蓝额疏脉蜻

Brachydiplax chalybea Brauer, 1868

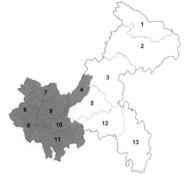

　　小型种类，额部暗绿色带金属光泽，不喜飞行，喜欢栖落在草上，具有领域性。雄性成熟个体身体大部分被白霜，胸侧面具黄黑相间条纹，翅透明但基部有明显的琥珀色区域，腹末端黑色；雌性体色以黄色为主间以更显著的黑色斑纹，翅基部的琥珀色区域较小，腹部明显宽而扁。本种中国分布较广，能在城市水体生存，在重庆主要分布在主城区等地势较平缓的地区，具一定抗污染能力，对环境变化相对敏感，是较好的环境指示和观赏物种。本种体型与锥腹蜻相仿。

成虫飞行期（月）

1	2	3	4	5	6	7	8	9	10	11	12

生境

山溪	山河	瀑布	滴水	山沼	山湖	山塘	湖泊	池塘	沼泽	江河	人工

濒危等级

CR	EN	VU	NT	LC	DD		

DBI 指数 3　　保护指数 1

蜻科

1. 成熟雄性 2. 成熟雌性（陈尽摄） 3. 雄性守护领地

16.3

红蜻

Crocothemis servilia（Drury, 1773）

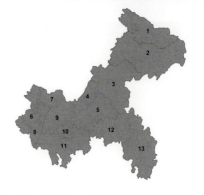

　　中型种类，较喜飞行，但常栖落，具有领域性。雄性通体鲜红无斑，此特征可区别于其他近似种类，也是其名称的由来，翅透明但基部具少许红色斑；雌性体型与雄性相似，但体色以黄褐色为主，翅透明但基部具少许黄褐色斑，个别种群也有红色型雌性，颇似雄性，但不常见。本种年轻个体均通体黄褐色，难于区分性别。本种中国广布，为常见的静水物种，能在城市人工水体生存，重庆广布，具一定抗污染能力，易于观察，可用于环境指示，是著名观赏物种。

成虫飞行期（月）

1	2	3	4	5	6	7	8	9	10	11	12

生境

山溪	山河	瀑布	滴水	山沼	山湖	山塘	湖泊	池塘	沼泽	江河	人工

濒危等级

CR	EN	VU	NT	LC	DD		

DBI 指数 1　　　保护指数 1

蜻科

1. 成熟雄性　2. 成熟雌性　3. 年轻雄性

4. 成熟雄性　5. 刚羽化的雌性与蜕　6. 雄性手持比例尺

16.4

异色多纹蜻

Deielia phaon (Selys, 1883)

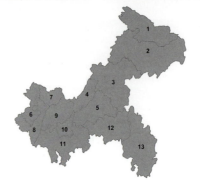

　　小型种类，喜飞行，有水边巡飞的习性，但经常栖落，具有领域性。雄性通体灰色具不明显黄色条纹，成熟时通体被白霜，仅头和腹末端颜色深，翅透明；雌性具复杂的多型现象，包括酷似雄性的灰色型，以及与雄性外貌相去甚远的红翅型、斑翅型等，其体表颜色还会随年龄而变化。本种中国广布，在很多地区是优势物种，为常见的静水种类，能在城市人工水体生存，在重庆虽然广布，但其种群数量通常不大，具较强抗污染能力，易于观察，可作为环境指示和观赏物种。

成虫飞行期（月）

1	2	3	4	5	6	7	8	9	10	11	12

生境

山溪	山河	瀑布	滴水	山沼	山湖	山塘	湖泊	池塘	沼泽	江河	人工

濒危等级

CR	EN	VU	NT	LC	DD		

DBI 指数 1　　　**保护指数 1**

蜻科

1. 雄性　2. 雌性斑翅型　3. 雌性红翅型　4. 雌性灰色型
5. 灰色型雌点水产卵　6. 老熟斑翅型雌性手持比例尺

16.5

基斑蜻

Libellula melli Schmidt, 1948

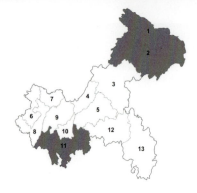

　　中型种类，翅大部分透明，腹部宽而扁平，较喜飞行，但常栖落，具有领域性。雄性通体黑白两色分明，头胸漆黑，腹部大面积被白霜，除末端一点外均呈白色，翅基部具少许黑褐色斑，此特征可区别于其他近似种类；雌性体型与雄性相似，但体色以黄褐色为主，腹部异常宽扁。本种在重庆主要山区有分布，但种群数量不多，对生存环境变化敏感，易于观察，是良好的环境指示和观赏物种。

成虫飞行期（月）

1	2	3	4	5	6	7	8	9	10	11	12

生境

山溪	山河	瀑布	滴水	山沼	山湖	山塘	湖泊	池塘	沼泽	江河	人工

濒危等级

CR	EN	VU	NT	LC	DD		

DBI 指数 7　　保护指数 3

蜻科

1. 成熟雄性
2. 成熟雌性
3. 雄性正面观
4. 雌性手持比例尺

16.6
四斑蜻

Libellula quadrimaculata Linnaeus, 1758

　　中型种类，翅大部分透明，翅前缘褐色并具明显的黑色斑点，此特征可区别于邻近种类，通体黄褐色具黑色和黄色斑点，腹部较宽扁而末端尖，喜飞行，但时有栖落，具有领域性，可在飞行中完成交配。两性体型与色斑酷似，但雌性腹部更加粗壮。本种属于寒冷地区种类，在中国南方仅分布于高海拔湿地，在重庆仅分布在北部高山，但通常种群数量一般，对生存环境变化敏感，易于观察，是良好的环境指示物种。

成虫飞行期（月）

1	2	3	4	5	6	7	8	9	10	11	12

生境

山溪	山河	瀑布	滴水	山沼	山湖	山塘	湖泊	池塘	沼泽	江河	人工

濒危等级

CR	EN	VU	NT	LC	DD	

DBI 指数 6　　保护指数 2

蜻科

```
-------1--------
-------2--------
  3  |  4
```

1. 雄性

2. 雄性腹面观

3. 飞行中交配的一对

4. 雌性手持比例尺

16.7

闪绿宽腹蜻

Lyriothemis pachygastra（Selys, 1878）

　　小型种类，额部亮蓝绿色有金属光泽，翅透明，腹部宽而扁平，不喜飞行，喜欢栖落在草上。雄性成熟个体通体黑灰色，腹部背面被白霜，腹部腹面边缘具黄斑纹，腹末端黑色；雌性体色以黄色为主间以黑色斑纹，腹部相比雄性更宽而扁。本种中国分布较广，在重庆山区有分布但通常数量较小，不易见到，对环境变化敏感，是较好的环境指示物种。

成虫飞行期（月）

1	2	3	4	5	6	7	8	9	10	11	12

生境

山溪	山河	瀑布	滴水	山沼	山湖	山塘	湖泊	池塘	沼泽	江河	人工

濒危等级

CR	EN	VU	NT	LC	DD		

DBI 指数 5　　　保护指数 2

蜻科

1. 雄性
2. 雌性
3. 雌性腹面观
4. 雄性手持比例尺

16.8

白尾灰蜻

Orthetrum albistylum（Selys, 1848）

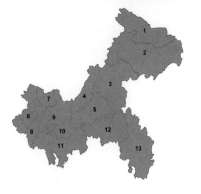

　　中型种类，翅透明，较喜飞行，有沿水边巡飞的习性，常栖落，具有领域性。雄性复眼灰绿色，体表褐色具白色和黑色斑，随年龄增长体表逐渐被白霜，上肛附器乳白色，此特征可区别于其他近似种类，也是其名称的由来；雌性体型与雄性相似，但体色以黄褐色为主，体表无霜，偶有酷似雄性的灰色型但较稀少。本种年轻个体均通体黄褐色，难于区分性别。本种中国广布，为常见的静水物种，能在城市人工水体生存良好，在重庆广布，具抗污染能力，易于观察，可作为观赏物种。

成虫飞行期（月）

1	2	3	4	5	6	7	8	9	10	11	12

生境

山溪	山河	瀑布	滴水	山沼	山湖	山塘	湖泊	池塘	沼泽	江河	人工

濒危等级

CR	EN	VU	NT	LC	DD		

DBI 指数 1　　　保护指数 0

蜻科

1. 雄性　2. 年轻雄性　3. 老熟雄性　4. 年轻雌性　5. 交配中的一对　6. 雄性手持比例尺

16.9

黑尾灰蜻

Orthetrum glaucum（Brauer, 1865）

　　中型种类，翅透明，较喜飞行，有沿水边巡飞的习性，常栖落，具有领域性。雄性复眼黑绿色，体表蓝灰色，被白霜，随年龄增长白霜逐渐浓重，翅基部有时有少许褐色斑，上肛附器黑色；雌性体型与雄性相似，但体色以黄褐色为主，具少许黑褐色斑，随年龄增长，体色会变成暗褐色为主，体表无霜。本种年轻个体均通体黄褐色，难于区分性别。本种中国南方分布较广，但在重庆分布较少，且不连续，具一定抗污染能力，易于观察，可作为环境指示生物和观赏物种。

成虫飞行期（月）

1	2	3	4	5	6	7	8	9	10	11	12

生境

山溪	山河	瀑布	滴水	山沼	山湖	山塘	湖泊	池塘	沼泽	江河	人工

濒危等级

CR	EN	VU	NT	LC	DD

DBI 指数 4　　　保护指数 2

蜻科

1
2
3 4

1. 雄性正面观
2. 雄性侧面观
3. 年轻雌性
4. 雄性手持比例尺

16.10

褐肩灰蜻

Orthetrum internum McLachlan, 1894

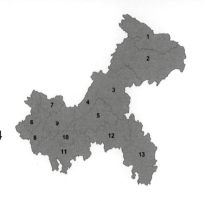

　　中型种类，身体相对粗壮，翅透明，较喜飞行，有沿水边巡飞的习性，常栖落，具有领域性。雄性复眼灰绿色，体表黄褐色间以黑色宽条纹，被白霜，随年龄增长白霜逐渐浓重，腹部较宽；雌性体色以黄褐色为主，具较宽的黑色或黑褐色斑纹，腹部较雄性更宽，第八腹节侧面稍扩展。本种在重庆广布，属于早季节种类，可以生活于人工水体，具一定抗污染能力，易于观察，可作为环境指示生物和观赏物种。

成虫飞行期（月）

1	2	3	4	5	6	7	8	9	10	11	12

生境

山溪	山河	瀑布	滴水	山沼	山湖	山塘	湖泊	池塘	沼泽	江河	人工

濒危等级

CR	EN	VU	NT	LC	DD	

DBI 指数 4　　　保护指数 2

蜻科

1
2
3 4

1. 雄性侧面观
2. 雌性侧面观
3. 雄性背面观
4. 雌性手持比例尺

16.11

吕宋灰蜻

Orthetrum luzonicum（Brauer, 1868）

　　中型种类，体型较纤细，翅透明，不喜飞行，常栖落，具有一定的领域性。成熟雄性体表因完全被白霜而呈浅灰色，无斑，复眼灰绿色，腹部较细；雌性体型与雄性相似，体表黄褐色间以黑色条纹，体表无霜，腹部较细。本种年轻个体均通体黄褐色，难于区分性别，在重庆分布局限，但种群数量不小，具一定抗污染能力，易于观察，可作为环境指示生物和观赏物种。

成虫飞行期（月）

1	2	3	4	5	6	7	8	9	10	11	12

生境

山溪	山河	瀑布	滴水	山沼	山湖	山塘	湖泊	池塘	沼泽	江河	人工

濒危等级

CR	EN	VU	NT	LC	DD		

DBI 指数 5　　　保护指数 2

1 2
3 4
5 6 　1. 雄性　2. 雌性　3. 年轻雄性　4. 老熟雄性　5. 交配中的一对　6. 雄性手持比例尺

重庆常见蜻蜓种类·差翅亚目　　219

16.12

黑异色灰蜻

Orthetrum melania（Selys, 1883）

中到大型种类，翅透明，较喜飞行，有沿水边巡飞的习性，常栖落，具有明显领域性。因体表被白霜，成熟雄性除腹部末端外呈浅灰色，无斑纹，复眼灰绿色，翅基部有小面积黑褐斑，且有斑区域上的翅脉也因被霜而异常明显；雌性体型与雄性相似，体表黄褐色间以浓重黑色条纹，腹部第八节侧面稍扩展。本种年轻个体均通体黄色具黑斑，不易区分性别。本种中国广布，在重庆也广布，种群数量大，易于观察，可生活于城市人工水体，具一定抗污染能力，可作为观赏物种。

成虫飞行期（月）

1	2	3	4	5	6	7	8	9	10	11	12

生境

山溪	山河	瀑布	滴水	山沼	山湖	山塘	湖泊	池塘	沼泽	江河	人工

濒危等级

CR	EN	VU	NT	LC	DD		

DBI 指数 1   保护指数 0

蜻科

1. 成熟雄性　2. 成熟雌性　3. 年轻雄性　4. 年轻雌性

5. 雄性看护雌性点水产卵　6. 雄性手持比例尺

16.13

赤褐灰蜻

Orthetrum pruinosum（Burmeister, 1839）

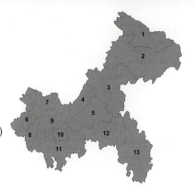

中型种类，翅透明，较喜飞行，有沿水边巡飞的习性，常栖落，具有明显领域性，成虫飞行期很长。成熟雄性面部黑色，复眼黑绿色，胸部黑褐色，被薄霜，翅基部有小面积黑褐斑，腹部整体深粉红色，无斑纹，年轻个体通体橙黄色具暗褐色斑纹；雌性体型与雄性相似，体表暗褐色间以黑色条纹，腹部第八节侧面稍扩展。本种中国南方广布，在重庆广布，种群数量大，易于观察，可生活于城市人工水体，具一定抗污染能力，可作为观赏物种。

成虫飞行期（月）

1	2	3	4	5	6	7	8	9	10	11	12

生境

山溪	山河	瀑布	滴水	山沼	山湖	山塘	湖泊	池塘	沼泽	江河	人工

濒危等级

CR	EN	VU	NT	LC	DD		

DBI 指数 1   保护指数 0

蜻科

16.14

狭腹灰蜻

Orthetrum sabina（Drury, 1770）

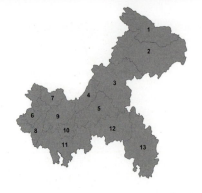

　　中型种类，复眼灰绿色，翅透明，腹部异常纤细，此特征可与邻近种类区别，通体呈绿褐色，杂以黄、白、黑色、深褐色不规则斑纹，肛附器乳白色，较喜飞行，有沿水边巡飞的习性，常栖落，具有明显领域性。两性的体型与斑纹均酷似，非常难于相互辨认。本种中国南方广布，重庆广布，种群数量大，易于观察，可生活于城市人工水体，具一定抗污染能力，可作为观赏物种。

成虫飞行期（月）

1	2	3	4	5	6	7	8	9	10	11	12

生境

山溪	山河	瀑布	滴水	山沼	山湖	山塘	湖泊	池塘	沼泽	江河	人工

濒危等级

CR	EN	VU	NT	LC	DD		

DBI 指数 1　　保护指数 0

1. 雄性　2. 雌性（熊浩洋摄）　3. 雄性正面观　4. 交配中的一对　5. 雄性手持比例尺

16.15
鼎异色灰蜻
Orthetrum triangulare（Selys, 1878）

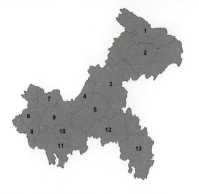

　　中型种类，翅透明，较喜飞行，有沿水边巡飞的习性，常栖落，具有明显领域性。成熟雄性通体黑白两色分明，头胸漆黑，翅基部也具少许黑褐色斑，腹部被白霜，除末端几节外均呈白色，此特征可区别于其他近似种类；雌性体型与雄性相似，体表暗褐色间以黑色条纹，腹部第八节侧面稍扩展。本种年轻个体均通体黄色具黑褐色斑，不易区分性别，中国广布，在重庆也广布，种群数量大，易于观察，可生活于城市人工水体，具一定抗污染能力，可作为观赏物种。

成虫飞行期（月）

1	2	3	4	5	6	7	8	9	10	11	12

生境

山溪	山河	瀑布	滴水	山沼	山湖	山塘	湖泊	池塘	沼泽	江河	人工

濒危等级

CR	EN	VU	NT	LC	DD		

DBI 指数 1　　　**保护指数 0**

蜻科

1 | 2
3 | 4
5 | 6

1. 成熟雄性　2. 老熟雌性　3. 年轻雄性　4. 雄性正面观

5. 交配中的一对　6. 雄性手持比例尺

16.16

奇异灰蜻

Orthetrum aberrans Yu, 2025

　　中型种类，翅透明，较喜飞行，有沿水边巡飞的习性，常栖落，具有领域性。雄性复眼灰绿色，体表黄褐色为主间以黑色斑纹，腹部仅第三、四节开始被白霜，随年龄增长可能会逐渐扩展到最远第五节两边缘，飞舞中"白腰"格外显眼，此特征可与邻近种类区别，上肛附器黑色；雌性外表与雄性不同，明显粗壮，体色以黄褐色为主，体表无霜，老熟后第三、四腹节背面可被薄白霜，外貌与粗灰蜻雌性相似。本种是编写本书过程中作者发表的新物种，较为稀少，相关深入研究还在进行中。在重庆主要山区有分布，种群数量不大，对生存环境要求相对苛刻，可作为良好的环境指示物种。

成虫飞行期（月）

1	2	3	4	5	6	7	8	9	10	11	12

生境

山溪	山河	瀑布	滴水	山沼	山湖	山塘	湖泊	池塘	沼泽	江河	人工

濒危等级

CR	EN	VU	NT	LC	DD

DBI 指数 6　　　保护指数 4

蜻科

1. 雄性侧面观　2. 雄性正面观　3. 雌性背面观（刘煜亭摄）

4. 雄性巡飞　5. 雄性手持比例尺

16.17

六斑曲缘蜻

Palpopleura sexmaculata（Fabricius, 1787）

　　小型种类，额顶部亮蓝绿色有金属光泽，翅透明，略带黄色，翅前缘具不规则黑色斑点，此特征可与邻近种类区别，翅痣黑白两色显著，但老熟后会失去白色，腹部短而宽扁，较喜飞行，飞行姿态似蜂，喜欢栖落在草上。成熟雄性个体以黄色为主，具褐色和黑色斑纹，腹部背面被霜而呈灰白色；雌性体色以黄色为主间以黑色斑纹，腹部相比雄性更宽而扁。本种年轻个体都以黄色为主色，外貌酷似，不易区分性别，中国南方分布较广，在重庆南部山区有分布，但数量较少，不易看到，对环境变化敏感，是较好的环境指示物种。

成虫飞行期（月）

1	2	3	4	5	6	7	8	9	10	11	12

生境

山溪	山河	瀑布	滴水	山沼	山湖	山塘	湖泊	池塘	沼泽	江河	人工

濒危等级

CR	EN	VU	NT	LC	DD

DBI 指数 5　　　保护指数 2

蜻科

1 ---------
2 ---------
3 | 4

1. 雄性
2. 雌性
3. 老熟雌性
4. 雄性手持比例尺

16.18

黄蜻

Pantala flavescens（Fabricius, 1798）

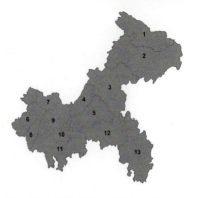

中型种类，翅宽大而透明，喜飞行，但也经常栖落且随意而落。成熟雄性身体黄褐色，腹部背面鲜红色，具少许黑斑；成熟雌性体型与雄性酷似，但通体黄褐色而无红色斑，腹部相对略粗大，腹面发白。本种年轻个体均通体黄褐色，难于区分性别，且有集群低空飞舞的习性，是我国最常见的蜻蜓种类，可分布于城市和乡村的各种环境中，甚至大都市的闹市区也能见到，本种是全球漫游种类，世界上很少地区见不到它们的身影。本种适应能力极强，可在几乎任何人工水域生存，具强抗污染能力，易于观察，可作为观赏物种，其生物学和行为学具有较高的研究价值[19]。

成虫飞行期（月）

1	2	3	4	5	6	7	8	9	10	11	12

生境

山溪	山河	瀑布	滴水	山沼	山湖	山塘	湖泊	池塘	沼泽	江河	人工

濒危等级

CR	EN	VU	NT	LC	DD		

DBI 指数 0　　　**保护指数 2**

蜻科

1. 成熟雄性　2. 年轻雌性　3. 年轻雄性　4. 傍晚群集休息

5. 日间群飞　6. 成熟雌性手持比例尺

16.19

玉带蜻

Pseudothemis zonata（Burmeister, 1839）

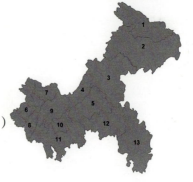

　　中型种类，额白色或浅黄色，翅宽大而透明，翅基具黑斑，喜飞行，常巡飞，时而栖落，具有明显领域性。成熟雄性通体黑色，仅腹部第二、三节乳白色，形似腰带，此特征可区别于其他种类，也是其名称的由来；雌性体型与雄性酷似，但腹部腰带为黄色且中间有黑色环纹。本种年轻个体腰带均为黄色，且有集群低空飞舞的习性，难于区分性别，是我国最常见的蜻蜓种类之一，重庆广布，可分布于城市和乡村。本种适应能力强，可在城市人工水域生存，具一定抗污染能力，易于观察，可作为观赏物种。

成虫飞行期（月）

1	2	3	4	5	6	7	8	9	10	11	12

生境

山溪	山河	瀑布	滴水	山沼	山湖	山塘	湖泊	池塘	沼泽	江河	人工

濒危等级

CR	EN	VU	NT	LC	DD		

DBI 指数 1　　　**保护指数 1**

蜻科

1.成熟雄性　2.雌性点水产卵　3.年轻雄性　4.雌性巡飞　5.雄性巡飞　6.雄性手持比例尺

16.20

黑丽翅蜻

Rhyothemis fuliginosa Selys, 1883

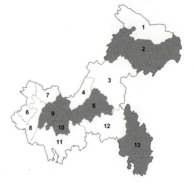

  小型种类，面部和身体黑蓝色，翅也几乎全部黑蓝色且能产生薄膜干涉效应，在阳光下呈现虹彩，喜欢在空中缓缓翱翔展示自己的美丽，翔姿酷似蝴蝶。雌雄两性体型与色斑酷似，难于区分。雄性具明显领域性，常以舞姿比试的方式争斗，引人注目。本种分布较广，为静水物种，种群数量不大，喜欢在城市生活，是著名的观赏种类，在重庆分布不连续，具一定抗污染能力，对环境变化相对敏感，是较好的环境指示物种。

成虫飞行期（月）

1	2	3	4	5	6	7	8	9	10	11	12

生境

山溪	山河	瀑布	滴水	山沼	山湖	山塘	湖泊	池塘	沼泽	江河	人工

濒危等级

CR	EN	VU	NT	LC	DD

DBI 指数 4 保护指数 2

蜻科

1. 成熟雄性　2. 成熟雌性　3. 雄性背面虹彩　4. 雄性打斗　5. 雄性手持比例尺

16.21

大赤蜻

Sympetrum baccha（Selys, 1884）

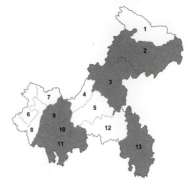

　　中型种类，体色以黄色为主间以不规则黑色条纹，翅透明，不喜飞行，常栖落。成熟雄性复眼红褐色，腹部橙红色；雌性体型与雄性相似，体色以黄褐色为主，黑斑较雄性浓重。本种是赤蜻属最大的种类，年轻个体外表均为黄色具黑色斑纹，不易区分性别，在重庆主要山区有分布，种群数量不大，对生存环境要求较苛刻，可作为良好的环境指示物种和观赏物种。

成虫飞行期（月）

1	2	3	4	5	6	7	8	9	10	11	12

生境

山溪	山河	瀑布	滴水	山沼	山湖	山塘	湖泊	池塘	沼泽	江河	人工

濒危等级

CR	EN	VU	NT	LC	DD		

DBI 指数 4　　　保护指数 2

蜻科

```
-------------
      1
-------------
      2
-------------
 3  |  4
```

1. 雄性枝顶栖落
2. 雌性地面栖落
3. 雌性正面观
4. 雄性手持比例尺

16.22

夏赤蜻

Sympetrum darwinianum Selys, 1883

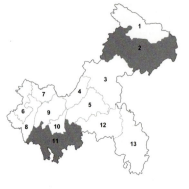

　　小型种类，体色以黄色为主间以不规则黑色条纹，翅透明，较喜飞行，常栖落。成熟雄性面部红色，复眼红褐色，通体红色具少量黑色斑纹，年轻个体胸侧面黄色为主；雌性体型与雄性相似，体色以黄褐色为主，腹部背面大部分红色。本种在重庆主要山区有分布，种群数量不大，对生存环境要求较苛刻，可作为良好的环境指示物种和观赏物种。

成虫飞行期（月）

1	2	3	4	5	6	7	8	9	10	11	12

生境

山溪	山河	瀑布	滴水	山沼	山湖	山塘	湖泊	池塘	沼泽	江河	人工

濒危等级

CR	EN	VU	NT	LC	DD

DBI 指数 4　　　保护指数 2

蜻科

1. 老熟雄性 2. 老熟雌性 3. 老熟雄性正面观 4. 雄性枝头栖落

5. 交配中的一对 6. 雄性手持比例尺

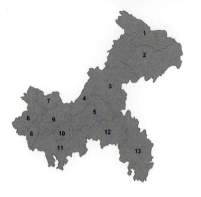

16.23

竖眉赤蜻

Sympetrum eroticum （Selys, 1883）

　　小型种类，体色以黄色为主间以不规则黑色条纹，面部具明显眉斑（见图5），此特征可区别于邻近种类，也是其名称的由来，翅透明，不喜飞行，常栖落。成熟雄性通体红色，具少量黑色斑纹，年轻个体黄色为主，随成熟度加深由腹部开始逐渐变红；雌性体型与雄性相似，体色以黄褐色为主，腹部黑斑更加明显。本种中国广布，在重庆各地均有分布，可生存于人工水体，但种群数量大小不均，对生存环境有一定的要求，能长距离迁徙，可作为良好的环境指示物种和观赏物种。眉斑虽然在赤蜻属其他几个种类中也有出现，但都不如本种中稳定存在。

成虫飞行期（月）

1	2	3	4	5	6	7	8	9	10	11	12

生境

山溪	山河	瀑布	滴水	山沼	山湖	山塘	湖泊	池塘	沼泽	江河	人工

濒危等级

CR	EN	VU	NT	LC	DD

DBI 指数 2　　　保护指数 1

蜻科

1	2
3	4
5	6

1. 年轻雄性　2. 成熟雌性　3. 成熟雄性正面观　4. 羽化不久的雄性

5. 雌性正面观，示眉斑　6. 雄性手持比例尺

16.24

白条赤蜻

Sympetrum fonscolombii（Selys, 1840）

　　小型种类，翅透明，不喜飞行，常栖落。成熟雄性面部和复眼红色，通体红色具少量黑色斑纹，但胸部侧面留有一条黄白色的斑，此特征可区别于邻近种类，也是其名称的由来；雌性体型与雄性相似，体色以黄褐色为主，胸部侧面的白斑相对不明显。本种在重庆分布不连续，种群数量不大，对生存环境要求较苛刻，可作为良好的环境指示物种和观赏物种。

成虫飞行期（月）

1	2	3	4	5	6	7	8	9	10	11	12

生境

山溪	山河	瀑布	滴水	山沼	山湖	山塘	湖泊	池塘	沼泽	江河	人工

濒危等级

CR	EN	VU	NT	LC	DD	

DBI 指数 4　　保护指数 2

蜻科

1. 雄性

2. 雌性

3. 雄性休息状

4. 雄性手持比例尺

16.25

褐顶赤蜻

Sympetrum infuscatum（Selys, 1883）

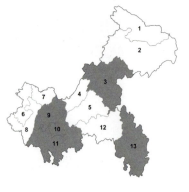

中型种类，体色以褐色为主间以不规则黑色条纹，面部偶有眉斑，翅端具明显而规则的黑褐色斑，此特征可区别于邻近种类，也是其名称的由来，翅大部透明，不喜飞行，常栖落。雄性年轻个体除腹部背面褐色外以黄色为主，随成熟度开始逐渐变为通体红褐色；雌性体型与雄性相似，体色较雄性为浅。本种中国分布较广，但种群大小很不均匀，在重庆分布不连续，种群数量通常不大，对生存环境要求较苛刻，可作为良好的环境指示物种和观赏物种。

成虫飞行期（月）

1	2	3	4	5	6	7	8	9	10	11	12

生境

山溪	山河	瀑布	滴水	山沼	山湖	山塘	湖泊	池塘	沼泽	江河	人工

濒危等级

CR	EN	VU	NT	LC	DD		

DBI 指数 4　　　保护指数 2

蜻科

16.26

小赤蜻

Sympetrum parvulum（Bartenev, 1912）

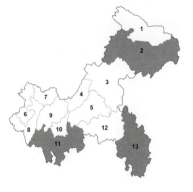

　　小型种类，面部青白，通体黄色间以黑色斑纹，翅透明，不喜飞行，常栖落。成熟雄性面部常带有隐约的蓝色，腹部橙红色，随年龄增长通体逐渐变为红色至深红；雌性体型与斑纹同雄性相似，但体色以黄、褐色为主，腹部相对雄性明显粗壮。本种在重庆主要山区有分布，种群数量不大，对生存环境要求苛刻，可作为良好的环境指示物种和观赏物种。

成虫飞行期（月）

1	2	3	4	5	6	7	8	9	10	11	12

生境

山溪	山河	瀑布	滴水	山沼	山湖	山塘	湖泊	池塘	沼泽	江河	人工

濒危等级

CR	EN	VU	NT	LC	DD		

DBI 指数 5　　保护指数 2

蜻科

1. 雄性　2. 雌性　3. 老熟雄性　4. 年轻雌性　5. 雄性正面观　6. 雌性手持比例尺，应激排卵

16.27

李氏赤蜻

Sympetrum risi Bartenev, 1914

　　中型种类，体色以黄色为主间以不规则黑色条纹，翅端具少许黑褐色斑，但不如褐顶赤蜻的规则明显，翅大部透明，较喜飞行，也常栖落，可在飞行中交配并连接着在水面空投式产卵，雌性也可单独产卵。成熟雄性面部红褐色，腹部鲜艳的红色；雌性体色以黄褐色为主，依据腹部颜色可分为红色和深褐色两种色型，腹部较雄性明显粗壮。本种中国南北均有分布，但种群数量通常较小，在重庆分布不连续，种群数量不大，对生存环境要求较苛刻，可作为良好的环境指示物种和观赏物种。

成虫飞行期（月）

1	2	3	4	5	6	7	8	9	10	11	12

生境

山溪	山河	瀑布	滴水	山沼	山湖	山塘	湖泊	池塘	沼泽	江河	人工

濒危等级

CR	EN	VU	NT	LC	DD

DBI 指数 5　　保护指数 2

蜻科

1 │ 2
─────
3 │ 4
─────
5 │ 6

1. 雄性　2. 雌性飞行产卵中（红色箭头指示掉落的卵）　3. 雄性正面观　4. 交配中的一对

5. 雌性红色型和黄色型对比（金洪光摄）　6. 雄性手持比例尺

16.28

旭光赤蜻

Sympetrum speciosum Oguma, 1915

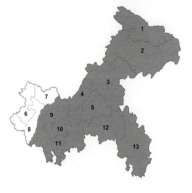

小型种类，较喜飞行，也常栖落，典型的山区种类。成熟雄性通体红色具黑色斑纹，翅基部具橘红色斑，此特征可与邻近种类区别，也是本种名称的由来；雌性体型、体色与雄性酷似，但红色没有雄性那么浓烈，稍偏黄，腹部较雄性粗壮。本种中国南北均有分布，但种群数量通常不大，在重庆分布较广，但种群数量小，对生存环境要求较苛刻，可作为良好的环境指示物种，也是著名的观赏物种。

成虫飞行期（月）

1	2	3	4	5	6	7	8	9	10	11	12

生境

山溪	山河	瀑布	滴水	山沼	山湖	山塘	湖泊	池塘	沼泽	江河	人工

濒危等级

CR	EN	VU	NT	LC	DD		

DBI 指数 5　　　**保护指数 2**

蜻科

1. 年轻雄性　2. 成熟雄性　3. 雌性　4. 串联产卵中的一对　5. 雄性手持比例尺

16.29

华斜痣蜻

Tramea virginia（Rambur, 1842）

　　中型种类,翅透明且基部具明显的深色斑,此特征可与邻近种类区别,喜飞行,常单独在高空翱翔,有时与成群的黄蜻混在一起,也会在静水水面长时间巡飞,但有时栖落,具有长距离迁飞的能力。成熟雄性通体深红褐色具少许黑色斑纹,腹末端黑色;雌性体型、体色与雄性酷似,但体色偏黄褐色,与雄性相比翅基斑颜色稍淡且中央有一块明显浅色区。本种中国南方分布较广,近些年正小规模迅速向淮河以北扩展,在重庆分布较广,但种群数量通常不大,对生存环境要求较苛刻,可作为良好的环境指示物种,也是著名的观赏物种。

成虫飞行期（月）

1	2	3	4	5	6	7	8	9	10	11	12

生境

山溪	山河	瀑布	滴水	山沼	山湖	山塘	湖泊	池塘	沼泽	江河	人工

濒危等级

CR	EN	VU	NT	LC	DD

DBI 指数 4　　　**保护指数 2**

蜻科

1. 老熟雄性　2. 雄性　3. 雄性腹面观　4. 雌性高空翱翔（熊浩洋摄）　5. 雄性手持比例尺

16.30

晓褐蜻

Trithemis aurora（Burmeister, 1839）

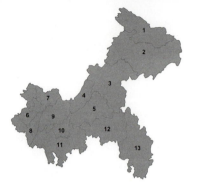

　　小型种类，翅脉因具有浓烈的颜色而格外美丽，喜飞行，常在静水水面巡飞，也喜欢栖落，具有明显的领域性。成熟雄性通体粉红色，仅腹末尖端具少许黑色斑，翅脉呈粉红色，具翅基斑，腹部较扁平；雌性体型与雄性相似，但通体黄或黄褐色，翅脉及翅基斑都是黄色，腹部黑斑较雄性明显。本种中国南方广布，近些年正小规模迅速向淮河以北扩展，在重庆广布，且种群数量通常较大，从城市到乡村均有分布，适应环境能力强，能在城市人工水体生存，是著名的观赏物种。

成虫飞行期（月）

1	2	3	4	5	6	7	8	9	10	11	12

生境

山溪	山河	瀑布	滴水	山沼	山湖	山塘	湖泊	池塘	沼泽	江河	人工

濒危等级

CR	EN	VU	NT	LC	DD

DBI 指数 2　　　保护指数 1

蜻科

1	2
3	4
5	6

1. 雄性背面观 2. 雌性翘尾栖落姿态 3. 雄性正面观

4. 雌性正面观 5. 飞行交配中的一对 6. 雄性手持比例尺

重庆地区蜻蜓名录

目	科	种	拉丁文学名
Zygoptera 均翅亚目	Calopterygidae 色蟌科	赤基色蟌	*Archineura incarnata*
		黑色蟌	*Atrocalopteryx atrata*
		紫闪色蟌	*Caliphaea consimilis*
		亮闪色蟌	*Caliphaea nitens*
		透顶单脉色蟌	*Matrona basilaris*
		神女单脉色蟌	*Matrona oreades*
		绿色蟌	*Mnais* sp
		黄翅绿色蟌	*Mnais tenuis*
		丽宛色蟌	*Vestalaria venusta*
	Coenagrionidae 蟌科	针尾狭翅蟌	*Aciagrion migratum*
		杯斑小蟌	*Agriocnemis femina*
		白腹小蟌	*Agriocnemis lacteola*
		黄尾小蟌	*Agriocnemis pygmaea*
		长尾黄蟌	*Ceriagrion fallax*
		翠胸黄蟌	*Ceriagrion auranticum*
		短尾黄蟌	*Ceriagrion melanurum*
		赤黄蟌	*Ceriagrion nipponicum*
		中国黄蟌	*Ceriagrion sinense*
		多棘蟌	*Coenagrion aculeatum*
		东亚异痣蟌	*Ischnura asiatica*
		赤斑异痣蟌	*Ischnura rufostigma*
		褐斑异痣蟌	*Ischnura senegalensis*
		蓝纹尾蟌	*Paracercion calamorum*
		蓝面尾蟌	*Paracercion melanotum*
		捷尾蟌	*Paracercion v-nigrum*
		隼尾蟌	*Paracercion hieroglyphicum*
		褐斑蟌	*Pseudagrion spencei*
		丹顶斑蟌	*Pseudagrion rubriceps*

目	科	种	拉丁文学名
Zygoptera 均翅亚目	Euphaeidae 溪蟌科	习见异翅溪蟌	*Anisopleura qingyuanensis*
		大陆尾溪蟌	*Bayadera continentalis*
		巨齿尾溪蟌	*Bayadera melanopteryx*
		褐翅溪蟌	*Euphaea opaca*
	Chlorocyphidae 隼蟌科	赵氏圣鼻蟌	*Aristocypha chaoi*
		黄脊圣鼻蟌	*Aristocypha fenestrella*
		线纹鼻蟌	*Rhinocypha drusilla*
	Lestidae 丝蟌科	蓝印丝蟌	*Indolestes cyaneus*
		奇印丝蟌	*Indolestes peregrinus*
		瑶姬丝蟌	*Lestes yaojiae*
	Megapodagrionidae 山蟌科	藏凸尾山蟌	*Mesopodagrion tibetanum*
		雅州凸尾山蟌	*Mesopodagrion yachowensis*
		黑尾黑山蟌	*Philosina nigromacula*
		克氏古山蟌	*Priscagrion kiautai*
		愉快扇山蟌	*Rhipidolestes jucundus*
		褐带扇山蟌	*Rhipidolestes fascia*
		巴斯扇山蟌	*Rhipidolestes bastiaani*
		褐顶扇山蟌	*Rhipidolestes truncatidens*
		杨氏华蟌	*Sinocnemis yangbingi*
	Philogangidae 大溪蟌科	壮大溪蟌	*Philoganga robusta*
	Platycnemididae 扇蟌科	古蔺丽扇蟌	*Calicnemia gulinensis*
		黄纹长腹扇蟌	*Coeliccia cyanomelas*
		白扇蟌	*Platycnemis foliacea*
		叶足扇蟌	*Platycnemis phyllopoda*
		微桥蟌	*Prodasineura* sp
		白拟狭扇蟌	*Pseudocopera annulata*
		印扇蟌	*Indocnemis orang*
	Synlestidae 综蟌科	褐腹绿综蟌	*Megalestes distans*
		黄肩华综蟌	*Sinolestes edita*
Anisoptera 差翅亚目	Aeshnidae 蜓科	斑伟蜓	*Anax guttatus*
		黑纹伟蜓	*Anax nigrofasciatus*
		碧伟蜓	*Anax parthenope*

续表

目	科	种	拉丁文学名
Anisoptera 差翅亚目	Aeshnidae 蜓科	无纹长尾蜓	*Gynacantha bayadera*
		日本长尾蜓	*Gynacantha japonica*
		细腰长尾蜓	*Gynacantha subinterrupta*
		马格佩蜓	*Periaeschna magdalena*
		遂昌黑额蜓	*Planaeschna suichangensis*
		黑多棘蜓	*Polycanthagyna melanictera*
		鸟头多棘蜓	*Polycanthagyna ornithocephala*
		巡行头蜓	*Cephalaeschna patrorum*
	Chlorogomphidae 裂唇蜓科	铃木裂唇蜓	*Chlorogomphus suzukii*
	Cordulegastridae 大蜓科	巨圆臀大蜓	*Anotogaster sieboldii*
	Corduliidae 伪蜻科	脊异伪蜻	*Idionyx carinata*
		棉兰半伪蜻	*Hemicordulia mindana*
		格氏金光伪蜻	*Somatochlora graeseri*
	Gomphidae 春蜓科	安定亚春蜓	*Asiagomphus pacatus*
		镰刀戴春蜓	*Davidius trox*
		弗鲁戴春蜓	*Davidius fruhstorferi*
		小团扇春蜓	*Ictinogomphus rapax*
		大团扇春蜓	*Sinictinogomphus clavatus*
		尖尾春蜓	*Stylogomphus tantulus*
		马奇异春蜓	*Anisogomphus maacki*
		安氏异春蜓	*Anisogomphus anderi*
		双条异春蜓	*Anisogomphus bivittatus*
		双髻环尾春蜓	*Lamelligomphus tutulus*
		环纹环尾春蜓	*Lamelligomphus ringens*
		贝氏日春蜓	*Nihonogomphus bequaerti*
		帕维长足春蜓	*Merogomphus paviei*
		净棘尾春蜓	*Trigomphus lautus*
	Libellulidae 蜻科	锥腹蜻	*Acisoma panorpoides*
		蓝额疏脉蜻	*Brachydiplax chalybea*
		红蜻	*Crocothemis servilia*
		异色多纹蜻	*Deielia phaon*
		基斑蜻	*Libellula melli*

目	科	种	拉丁文学名
Anisoptera 差翅亚目	Libellulidae 蜻科	四斑蜻	*Libellula quadrimaculata*
		黄翅蜻	*Brachythemis contaminata*
		闪绿宽腹蜻	*Lyriothemis pachygastra*
		白尾灰蜻	*Orthetrum albistylum*
		黑尾灰蜻	*Orthetrum glaucum*
		褐肩灰蜻	*Orthetrum internum*
		吕宋灰蜻	*Orthetrum luzonicum*
		黑异色灰蜻	*Orthetrum melania*
		赤褐灰蜻	*Orthetrum pruinosum*
		狭腹灰蜻	*Orthetrum sabina*
		鼎异色灰蜻	*Orthetrum triangulare*
		奇异灰蜻	*Orthetrum aberrans*
		六斑曲缘蜻	*Palpopleura sexmaculata*
		黄蜻	*Pantala flavescens*
		玉带蜻	*Pseudothemis zonata*
		黑丽翅蜻	*Rhyothemis fuliginosa*
		大赤蜻	*Sympetrum baccha*
		夏赤蜻	*Sympetrum darwinianum*
		竖眉赤蜻	*Sympetrum eroticum*
		白条赤蜻	*Sympetrum fonscolombii*
		小黄赤蜻	*Sympetrum kunckeli*
		李氏赤蜻	*Sympetrum risi*
		小赤蜻	*Sympetrum parvulum*
		褐顶赤蜻	*Sympetrum infuscatum*
		旭光赤蜻	*Sympetrum speciosum*
		华斜痣蜻	*Tramea virginia*
		晓褐蜻	*Trithemis aurora*
	Macromiidae 大伪蜻科	闪蓝丽大伪蜻	*Epophthalmia elegans*
		莫氏大伪蜻	*Macromia moorei*

本名录截止 2025 年 1 月 1 日共收录重庆地区蜻蜓种类 121 种，隶属于 16 科 71 属。

参考文献

[1] SAMWAYS M J, SIMAIKA J P. Manual of freshwater assessment for South African Dragonfly biotic index [M]. Pretoria, South Africa: South African National Biodiversity Institute, 2016.

[2] 于昕,卜文俊,朱琳. 应用蜻蜓目昆虫进行生态环境评价的研究进展[J]. 生态学杂志, 2012, 31(6): 1585-1590.

[3] PAULSON D, SCHORR M, ABBOTT J, et al. World Odonata list [EB/OL]. [2024-07-14]. https://www.odonatacentral.org/app/#/wol/

[4] 于昕. 蜻蜓学研究 [EB/OL]. [2024-12-31]. https://www.china-odonata.top

[5] YU X, XUE J-L, HÄMÄLÄINEN M, et al. A revised classification of the genus *Matrona* Selys, 1853 using molecular and morphological methods (Odonata: Calopterygidae) [J]. Zoological Journal of the Linnean Society, 2015, 174(3): 473–486.

[6] XUE J-L, ZHANG H-G, NING X, et al. Evolutionary history of a beautiful damselfly, *Matrona basilaris*, revealed byphylogeographic analyses: the first study of an odonate species in mainland China[J]. Heredity, 2019, 122: 570-581.

[7] YU X. First record of *Ceriagrion fallax* Ris (Odonata: Coenagrionidae) preying on small web-building spiders (Arachnida: Tetragnathidae) [J].

International Journal of Odonatology, 2015, 18(2): 153-156.

[8] YU X, CHEN C-R, ZHANG M. Integrative taxonomy of *Ceriagrion* species from China[J]. Archives of Insect Biochemistry and Physiology, 2023, e22012: 1-23.

[9] ZHANG H, NING X, YU X, et al. Integrative species delimitation based on COI, ITS, and morphological evidence illustrates a unique evolutionary history of the genus *Paracercion* (Odonata: Coenagrionidae) [J]. PeerJ, 2021, 9: e11459.

[10] YU X, CORDERO-RIVERA A. Behavioural observation on *Platycnemis latipes* revealing novel function of males' patrol[J]. Zoological Systematics, 2023, 48(2): 140–146.

[11] YU X, ZHANG M, NING X. A study of *Coeliccia cyanomelas* Ris, 1912 (Odonata: Platycnemididiae) [J]. International Journal of Odonatology, 2019, 22(3–4): 155–165.

[12] DIJKSTRA K D B, KALKMAN V J, DOW R A, et al. Redefining the damselfly families: a comprehensive molecular phylogeny of Zygoptera (Odonata) [J]. Systematic Entomology, 2014, 39: 68–96.

[13] BYBEE S M, KALKMAN V J, ERICKSON R J, et al. Phylogeny and classification of Odonata using targeted genomics[J]. Molecular Phylogenetics and Evolution, 2021, 160: 107115.

[14] YU X, BU W-J. A preliminary phylogenetic study of Megapodagrionidae with focus on Chinese genera *Sinocnemis* Wilson & Zhou and *Priscagrion* Zhou & Wilson (Odonata: Zygptera) [J]. Hydrobiologia, 2011, 665: 195-203.

[15] YU X, BU W-J. A Revision of *Mesopodagrion* McLachlan, 1896 (Odonata: Zygoptera: Megapodagrionidae) [J]. Zootaxa, 2009, 2202: 59-68.

[16] HASEBE Y, NAGANO Y, YOKOI T. Rapid bluing and slow browning: reversible body color change according to ambient temperature in damselfly *Indolestes peregrinus* (Ris, 1916) [J]. Entomological Science, 2023, 26(1): p.e12537.

[17] YU X, XUE J-L. A review of the damselfly genus *Megalestes* Selys, 1862 (Insecta: Odonata: Zygoptera: Synlestidae) using integrative taxonomic methods[J]. Zootaxa, 2020, 4851 (2): 245–270.

[18] 赵修复. 中国春蜓分类 [M]. 福州：福建科学技术出版社，1990.

[19] 于昕. 黄蜻啊，黄蜻！你离我是近还是远？ [EB/OL]. [2024-12-02]. http://www.china-odonata.top/odonata/articles/Pantala.htm

致　谢

　　首先感谢重庆的山山水水，这是一切的总源泉，希望其能够长久的保留生态活力。感谢好友唐红渠、金洪光、周勇等相助野外工作，互相勉励着共度跋山涉水的岁月；感谢重庆自然博物馆的洪兆春，重庆四面山保护区张超等老师的鼎力支持；感谢陈尽、顾海军、刘兆瑞、杨煦傲、小飞虫、scpz128、王润玺、熊浩洋、何美露、刘煜亭等友人提供照片；感谢柴鉴云、王思楠等老师在本书出版的过程中给予的诸多帮助；也感谢我的学生张敏、陈雪伊、曾征、李星港、陈楚茹、冯芋杰、邓洋等人的积极协助，最后感谢我家人的宽容和支持，尤其感谢我的小儿子，用他满满的纯真让我得以保留内心的纯粹，本书也是兑现给他的承诺。

　　本书内容和数据由蜻蜓学研究网站（中蜻网）提供即时更新支持。